普通高等院校计算机课程规划教材

数据库技术原理与应用教程
学习与实验指导

常本勤 徐洁磐 编著

机械工业出版社
China Machine Press

本书是《数据库技术原理与应用教程》的配套教材，主教材侧重于数据库理论、原理的讲解，而本书则侧重于习题训练与实验指导。

　　本书弥补了主教材的不足，对数据库相关知识进行了总结，有助于学生的学习与复习；给出了与主教材内容对应的详细的数据库管理系统 SQL Server 2000 实验指导；对主教材中各章的全部习题进行了解答，对典型习题给出了解题分析，并提供了大量习题和两套模拟试卷让学生进行练习与自我测试，其中重点是实验指导。本书的实验以一个数据库应用系统为主线，从分解实验到最后的设计实例，逐步指导学生把学到的数据库技术应用到实际数据库系统开发中。

　　本书既是《数据库技术原理与应用教程》的配套教材，同样也适合作为普通高校计算机应用类专业数据库技术课程的辅助教材，还可作为数据库应用开发人员的参考材料。

图书在版编目（CIP）数据

数据库技术原理与应用教程学习与实验指导/常本勤，徐洁磐编著．—北京：机械工业出版社，2010.6
（普通高等院校计算机课程规划教材）

ISBN 978-7-111-29126-8

Ⅰ. 数…　Ⅱ.①常…　②徐…　Ⅲ. 数据库系统－高等学校－教学参考资料
Ⅳ. TP311.13

中国版本图书馆 CIP 数据核字（2009）第 215887 号

机械工业出版社（北京市西城区百万庄大街22号　邮政编码　100037）
责任编辑：刘立卿
北京市荣盛彩色印刷有限公司印刷
2010 年 6 月第 1 版第 1 次印刷
184mm×260mm · 11.75 印张
标准书号：ISBN 978-7-111-29126-8
定价：19.80 元

凡购本书，如有倒页、脱页、缺页，由本社发行部调换
客服热线：（010）88378991；88361066
购书热线：（010）68326294；88379649；68995259
投稿热线：（010）88379604
读者信箱：hzjsj@hzbook.com

前　言

　　《数据库技术原理与应用教程》是面向普通高校计算机应用型专业的数据库教材。其编写目标是：以应用为核心，以基础与操作为支撑，注重理论与实际的结合，学生学会后，既具有数据库的基本理论知识，又能进行数据操作，而且能从事数据库领域的实际工作。

　　为了使学生更好地学习和理解《数据库技术原理与应用教程》中讲解的知识，我们编写了配套的参考书《数据库技术原理与应用教程学习与实验指导》。

　　本书作为主教材《数据库技术原理与应用教程》配套的辅助教材，主要特色如下：

　　1. 与主教材紧密结合

　　本书与主教材的分工不同，教材侧重于数据库理论、原理的讲解，而本书则侧重于习题训练与实验指导。将主教材与本书结合在一起使用，学生将既可以理解数据库理论知识，又能熟练地应用数据库技术解决实际问题，掌握数据库技术的学习方法和解题技巧。

　　2. 实用性强

　　本书注重实用，书中的实验以一个数据库应用系统为主线，从分解实验到最后的设计实例，逐步指导学生把学到的数据库技术应用到实际数据库系统开发中，便于学生在学习教材的同时，通过实践轻松掌握数据库技术原理与应用的知识。

　　本书由四部分组成，第一篇为学习指导，对《数据库技术原理与应用教程》的知识点进行了总结；第二篇为实验指导，与主教材配套，提供了以 SQL Server 2000 数据库管理系统为实验环境的实验指导；第三篇是习题与解析，包括数据库技术原理与应用的习题、典型习题分析和自测题；第四篇为附录，给出了主教材中习题的全部参考答案，本书中的习题和自测题的参考答案。

　　值本书付梓之际，首先向柏文阳副教授表示感谢，他为审阅本书付出了艰辛的劳动并提出很多宝贵意见，同时感谢江苏科技大学顾建业老师、陈保香老师和徐丹老师对本书的支持。此外，本书也得到了江苏科技大学南徐学院的支持，在此一并表示感谢。

　　由于作者水平有限，错误之处在所难免，恳请读者指正。

编　者

2010 年 4 月

目　　录

第一篇 学习指导

本篇系统、全面地总结了数据库技术的主要内容，包括基础理论、基本操作及应用。

为了帮助、指导学生更好地理解和掌握数据库技术的基本知识和基本理论，提高学习效率，配合《数据库技术原理与应用教程》主教材，本篇学习指导分为三章：数据库基础知识、数据库操作和数据库开发应用，与主教材的基础篇、操作篇和开发应用篇对应。

在结构上，每章与主教材的章节相对应；在内容上，学习要求明确了该章学习的主题，知识点提炼了该章的基本概念、基本原理和基本应用。力图做到突出"三基"（基本概念、基本原理和基本应用）内容、知识点明确、让学生易学易懂。

第1章 数据库基础知识

数据库技术的基础理论是数据库应用的基石，是面向普通高校计算机应用型专业学生必须具备的基础知识。本章对主教材中的数据库技术的一般性理论和关系数据库技术的理论进行了归纳总结。

1.1 数据、数据管理与数据处理

1.1.1 学习要求

1）掌握数据、数据管理与数据处理的概念；
2）理解数据与数据处理、数据与数据库之间的关系；
3）了解数据处理的应用领域。

1.1.2 知识点

1. 数据与数据处理
- **数据** 数据是客观世界现象与事物在计算机中的抽象，是用符号记录下来的可以区别的信息，是数据库中存储的基本对象；信息是反映现实世界的知识。
- **数据处理** 数据处理是将数据转换成信息的过程。
- 数据（数据库）、数据管理与数据处理是数据库技术研究的主要内容。

2. 数据的三大特性
- 数据表示的广泛性。
- 数据是重要的信息资源。
- 数据可以创造财富、创造文明。

3. 数据管理的五个内容
- 数据组织。
- 数据查找与定位。
- 数据保护。

- 数据接口。
- 数据服务与元数据。

4. 数据管理的三个阶段
- 人工管理阶段。
- 文件管理阶段。
- 数据库管理阶段。

5. 数据库管理的三个时代
- 第一代：层次、网状数据库管理时代。
- 第二代：关系数据库管理时代。
- 第三代：后关系数据库的时代。

6. 四种常用的数据管理工具
- 大型数据管理产品——ORACLE 与 DB2。
- 中型数据管理产品——SYBASE。
- 小型数据管理产品——SQL Server。
- 桌面式数据管理产品——ACCESS。

7. 数据应用的三个方面
- 数据应用的环境。
- 数据应用开发：
  —— 数据组织设计；
  —— 数据应用系统开发；
  —— 数据应用管理。
- 数据应用三大领域：
  —— 传统事务处理领域；
  —— 非传统事务处理领域；
  —— 分析领域。

8. 本节的重点内容
- 数据管理。
- 数据管理的三个阶段。

1.2 数据库基础知识

1.2.1 学习要求

1）掌握数据库中的基本概念；

2）理解数据、数据库、数据库管理系统、数据管理员、数据库系统与数据库应用系统之间的关系；

3）掌握数据库的基本结构；

4）了解数据库应用环境的发展阶段及各阶段数据交换的过程；

5）了解数据库系统的特点。

1.2.2 知识点

1. 基本概念

（1）6 个基本概念

- 数据（data）　数据是现实世界中客体在计算机中的抽象表示，是数据库中存储的基本对象。有四个性质：可构造性、持久性、共享性和海量性。
- 数据库 DB（database）　数据库是长期存储在计算机外存中的、具有统一的结构形式、由统一机构管理、由多种应用数据集成、可供共享的数据集合。
- 数据库管理系统 DBMS（database management system）　数据库管理系统是位于用户与操作系统之间的负责统一管理数据库的系统软件，是数据库系统的一个重要组成部分。
- 数据库管理员 DBA（database administrator）　数据库管理员是负责进行数据库的规划、设计、协调、维护和管理等工作的人员。
- 数据库系统 DBS（database system）　数据库系统是一种采用数据库技术的计算机系统，是一个实际可运行的、向应用系统提供数据支撑的系统。
- 数据库应用系统 DBAS（database application system）　数据库应用系统是以数据库为核心，以数据处理、数据传递及数据交换为内容的应用系统。

（2）6 个基本概念间的关系

- 数据与 DB 间的关系：数据是 DB 中存储的基本对象。
- DB 与 DBMS 间的关系：DBMS 管理的对象是 DB。
- DBMS、DBAS 与 DBS 间的关系：DBS 是由 DB、DBMS、DBAS、DBA 和用户组成的。

2. 数据库内部的结构体系

三级模式与二级映射构成了数据库内部的抽象结构体系。

（1）三级模式

数据模式是对数据库中某一类数据的结构、联系和约束的具体表示和描述，在数据库管理系统中分三级。

- 概念模式　概念模式是对一个数据库中的全局数据逻辑结构的描述，是全体用户（应用）公共数据视图，主要描述数据的概念记录类型以及它们间的关系，还包括一些数据间的语义约束。
- 外模式　外模式是用户的数据视图，是对用户所用到的局部数据的描述，是数据库的一个子集。一个概念模式可以有若干个外模式。
- 内模式　内模式是对数据物理结构和存储方式的描述。

（2）二级映射

通过二级映射，建立三级模式间的联系与转换。二级映射一般由 DBMS 实现。

- 外模式到概念模式映射　给出外模式与概念模式的对应关系。
- 概念模式到内模式映射　给出概念模式中数据的全局逻辑结构到数据的物理存储结构间的对应关系。

（3）数据的独立性

- 数据的独立性　数据库中的数据和程序的独立性。
- 数据物理独立性　指数据的物理结构的改变，不影响数据库的逻辑结构，从而不致引起应用程序的变化。
- 数据逻辑独立性　数据库总体逻辑结构的改变，不需要相应修改应用程序。

3. 应用环境与数据交换

（1）4 个应用环境阶段

- 人机交互阶段。
- 应用捆绑式阶段。

- 网络阶段。
- 互联网阶段。

（2）5 种数据交换方式

- 人机交互方式 数据交换的两端是人与数据库。
- 嵌入式方式 数据交换的两端是主语言、数据库语言与数据库。
- 自含式方式 数据交换的两端是数据库自含的程序设计语言与数据库。
- 调用层接口 数据交换的两端是客户端应用程序与服务器上的数据库。
- XML 方式 数据交换的两端是 XML 与传统数据库。

4. 数据库系统特点

- 数据集成性。
- 数据共享性。
- 数据独立性。
- 数据统一管理。

5. 本节的重点内容

- 基本概念。
- 数据交换。

1.3 数据库系统中的数据模型

1.3.1 学习要求

1）掌握数据模型的基本概念；
2）掌握 E-R 模型的表示方法；
3）熟悉从 E-R 模型转化为关系模型的方法。

1.3.2 知识点

1. 数据模型基本概念

（1）数据模型
数据模型是描述现实世界数据的手段和工具，是对数据库特征的抽象。

（2）数据模型描述的内容
分三个部分：数据结构、数据操作与数据约束。

（3）数据模型的层次
分三个层次：概念模型、逻辑模型与物理模型。

（4）数据模型的结构图

数据模型	数据结构	操纵	约束
概念层			
逻辑层			
物理层			

（5）数据模型与数据模式的根本区别
数据模型是描述现实世界数据的手段和工具，数据模式是利用数据模型对数据相互间的关系所进行的描述。

2. 概念模型
概念模型是一种面向客观世界、面向用户的模型，它与具体的数据库管理系统无关，与具体的计算机平台无关。

（1）两种模型

1）E-R 模型（entity-relationship model）。E-R 模型又称实体联系模型，是认识客观世界的一种方法和工具，是将现实世界的要求转化成实体、联系、属性等几个基本概念以及它们间的联系，并且用一种较为简单的图（E-R 图）表示。

E-R 模型的三要素：实体、属性和实体间的联系，分别用矩形、椭圆形、菱形三种几何图形表示。

实体间的三种联系类型：一对一的联系（1:1）、一对多的联系（1:N）和多对多的联系（M:N）

由矩形、椭圆形、菱形以及按一定要求相互间连接的线段构成了一个完整的 E-R 图。

2）面向对象模型。面向对象模型是以类为处理单位，以类间继承、聚合为关联所构成的模型。

面向对象模型中最基本的概念是对象（object），它是客观世界中概念化的基本实体。在数据库系统中，对象是一个基本数据单位。

对象的组成：对象标识符、对象的静态特性和对象的动态特性。

对象的特点：对象的封装、对象标识符的独立性和对象属性值的多值性。

将具有相同属性、方法的对象集合在一起称为类（class）。在数据库系统中，类是一种基本处理单位。

子类（sub-class）与超类（super-class）：类的子集也可以是一个类，称为该类的子类，而原来的类，则称为子类的超类。子类继承（inheritance）超类的属性与方法，并具有自己的属性与方法。

类的聚合（composition）与分解（decomposition）：类的聚合是表示若干个简单类可以聚合成一个复杂类。反之，则是类的分解，可以由复杂类分解成若干层次的简单类。

（2）两种模型间的关系

面向对象模型能描述复杂的现实世界，具有较强灵活性、可扩充性与可重用性。它的动态特性描述、对象标识符、类的普化／特化、类的聚合／分解，以及消息功能等都比 E-R 模型要好。

3. 逻辑模型

逻辑模型是面向数据库管理系统的模型，是用户从数据库所看到的数据模型，反映数据的逻辑结构，是客观世界到计算机间的中介模型，具有承上启下的功能。

（1）两种逻辑模型

1）关系模型（relational model）。关系模型是以二维表为基本结构所建立的模型，由关系数据结构、关系操纵及关系中的数据约束三部分组成。

关系模型的基本数据结构是二维表。

二维表具有以下七个性质：元组个数有限性、元组的唯一性、元组的次序无关性、元组分量的原子性、属性名唯一性、属性的次序无关性和分量值域的同一性。

满足七个性质的二维表称为关系（relation），由关系框架与关系元组构成。关系是关系模型的基本数据单位。

关系的框架表示：关系名（属性列表）。

关系模型的数据操纵是建立在关系上的数据操纵，一般有一张表及多张表间的查询、删除、插入及修改四种操作。

关系模型允许定义三类数据约束：实体完整性约束、参照完整性约束以及用户定义的完整性约束。

2）面向对象模型。其逻辑模型与概念模型一致。

（2）两种逻辑模型间的关系

面向对象的数据模型将数据与数据间、数据与操作／约束间有机统一成一体，有效地解决了关系模型中数据间关联语义简单及数据与操作／约束间不统一的缺点。

4. 物理模型

物理模型是一种面向计算机物理表示的模型，给出了数据模型在计算机上物理结构的表示。物理模型具有以下三个组织层次：物理存储介质及磁盘层、文件层和数据库结构层。

5. 概念模型、逻辑模型与数据库管理系统的关系

- E-R 模型→关系模型→关系数据库管理系统。
- 面向对象模型→面向对象模型（对象关系模型）→面向对象数据库管理系统（对象关系数据库管理系统）。

6. 本节的重点内容

- 模型基本概念。
- E-R 方法与 E-R 图。
- 关系模型。

1.4 关系模型的基本理论

1.4.1 学习要求

1）掌握关系模型的基本理论：关系模型的数学表示、关系规范化理论；
2）了解关系模型理论的应用。

1.4.2 知识点

1. 关系模型基本理论的两大组成部分

- 关系代数理论。
- 关系模式规范化理论。

2. 关系代数理论

1）关系表示。一个基数（元组的个数）为 m 的 n 元（属性的个数）关系 R 可表示为：

$$R = \{(d_{1,1}, \ d_{1,2}, \ \cdots, \ d_{1,n})\}, \ (d_{2,1}, \ d_{2,2}, \ \cdots, \ d_{2,n}), \ \cdots, \ (d_{m,1}, \ d_{m,2}, \ \cdots, \ d_{m,n})\}$$

2）关系操纵——7 种关系运算（标★者为常用运算）：

★ 投影运算（一元运算）：对一个关系按要求选取指定的属性，是对关系的纵向抽取，用 $\prod_{A1,A2,\cdots,Am}$（R）表示。

★ 选择运算：从关系中选取符合一定条件的元组，是对关系的横向抽取，用 σ_F（R）表示。

笛卡儿乘积运算：两个关系所有元组的组合，用 R×S 表示。

连接运算：从两个关系笛卡儿乘积中选取满足一定条件的元组，用 $R \underset{i\theta i}{\bowtie} S$ 表示。

★ 自然连接运算：通过两个关系间的公共域进行等值连接，用 R⋈S 表示。

★ 并运算：由两个具有相同结构的关系的所有元组组成（去除重复的元组），用 R∪S 表示。

★ 差运算：对两个具有相同结构的关系，由属于第一个关系而不属于第二个关系的元组组成，用 R-S 表示。

3）关系代数。

在关系（集合）R 上的关系运算所构成的封闭系统称为关系代数。用关系代数可以表示检索、插入、删除及修改等操作。

3. 关系模式规范化理论

关系数据库的规范化理论是指在关系数据库中如何构造符合一定的规范化要求的数据模式。

（1）关系模式规范化讨论的三个层次

- 语义层：从模式中属性间的语义建立函数依赖语义关系。
- 规范层：按语义分成四种范式。
- 实现层：两种实现方式。

（2）语义层

数据库中的各属性间是相互关联的，它们互相依赖、互相制约，构成一个结构严密的整体。从模式中属性间的内在语义联系建立函数依赖语义关系。

- 函数依赖基本概念。函数依赖是关系模式内属性间的依赖关系。

d1（属性或属性组）函数决定 d2（属性）或 d2 函数依赖于 d1：当 d1 确定了，也就唯一确定了 d2，可表示为 d1→d2。

只能根据语义确定属性间是否存在这种依赖。

- 两种函数依赖：

完全函数依赖：d1→d2 且 d1 中所有的真子集都不能决定 d2。

传递函数依赖：d1→d2 且 d2→d3。

- 键：在二维表中凡能唯一最小标识元组的属性集称为该表的键，属于完全函数依赖。
- 决定因素：在二维表中起决定作用的属性集。

（3）规范层

按语义分成四种范式：

- 1NF——基本范式。如果关系模式 R 中，其每一属性 A 的每个值域都是不可分割的，则称 R 满足第一范式，记作 R∈1 NF。
- 2NF——与完全函数依赖有关范式。设有 R∈1NF 且其每个非主属性完全函数都依赖于键，则称 R 满足第二范式，记作 R∈2NF。
- 3NF——与传递函数依赖有关范式。若关系模式 R 的每个非主属性都不部分依赖也不传递依赖于键，则称 R 满足第三范式，并记作 R∈3NF。
- BCNF——与决定因素有关范式。如果关系模式中，每个决定因素都是键，则满足 Boyce-Codd 范式，记作 R∈BCNF。
- 规范化目的：解决插入、删除及修改异常以及数据冗余度高的问题。
- 规范化过程如图 1-1 所示。

（4）实现层

- 模式分解。模式分解即是将一个关系模式分解成若干个模式，它一般须具有下面三个条件：

条件一：分解后的模式均为高一级的模式；

条件二：分解后关系中的数据不会丢失，

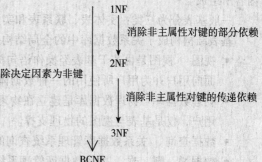

图 1-1　规范化的过程

即无损连接（lossless join）；

条件三：分解后关系中的函数依赖不会丢失，即依赖保持（preserve dependency）。

- 非形式化判别法。一个关系模式至少需满足 3NF。

判别 3NF 的非形式化方法为"一事一地"（one fact one place）原则，即一件事放一张表而不同事则放不同表的原则。

4. 关系模型理论的应用

1）关系代数——SQL 语言、查询优化及知识库研究。

2）关系模式规范化理论——数据库设计。

5. 本节的重点内容

- 关系代数的表示。
- 函数依赖。
- 范式。

1.5 关系数据库管理系统组成其标准语言

1.5.1 学习要求

1）掌握关系数据库系统的基本概念；

2）了解关系数据库系统的组成；

3）了解关系数据库系统的标准语言 SQL 的功能。

1.5.2 知识点

1. 基本概念

- 关系数据库管理系统 关系数据库管理系统是基于关系模型的数据库管理系统。
- 关系数据库 关系数据库（relational database）是语义相关的关系的集合，是数据库系统中的一个数据共享单位，一般由数据结构与数据体两部分所组成。
- 关系数据库模式（relational database schema），简称关系模式（relational schema）。关系模式是语义相关的关系框架的集合，即数据结构。
- 数据体 数据体是关系元组（简称元组）的集合。
- 基表 基表（base table）是关系数据库中的基本数据单位，是面向用户并为用户所使用的一种数据体。由表结构和表元组组成。

在表结构中，一个基表一般由表名，若干个列（即属性）名及其数据类型、主键及外键等内容所组成。

一般基表分为三类：实体表、联系表和实体联系表。

基表结构构成了关系数据库中的全局结构并组成全局数据库。

- 视图 视图是由若干基表经操作语句构作成的表，又称为导出表（drived table），是直接面向用户并为用户所使用的一种数据体。
- 物理数据库 物理数据库是建立在物理磁盘或文件之上的数据存储体，一般不直接面向用户，仅是基表与视图的物理支撑。
- 数据查询 关系数据库管理系统查询的最小粒度是元组中的属性。
- 数据增、删、改 关系数据库管理系统的增、删、改功能的最小粒度是表中元组，一般分两步完成：定位、操作。
- 数据控制 包括数据约束条件的设置、检查及处理，分静态控制与动态控制两种。静态控制是对数据模式的语义控制，包括安全控制与完整性控制。动态控制是对数据操纵的控制。

- 安全性控制　保证对数据库的正确访问与防止对数据库的非法访问。

  可信计算基，简称 TCB：是为实现数据库安全的所有实施策略与机制的集合，是实施、检查、监督数据库安全的机构。

  主体（subject）：数据库中数据访问者。

  客体（object）：数据库中数据及其载体。

  身份标识与鉴别（identification and authentication）：每个主体必须有一个标志自己身份的标识符，用以区别不同的主体，当主体访问客体时可信计算基鉴别其身份并阻止非法访问。

  审计（audit）：对主体访问客体作即时的记录，记录内容包括访问时间、访问类型、访问客体名、是否成功等，在一旦发生非法访问后能即时提供初始记录供进一步处理。

- 完整性控制　完整性控制是数据库中数据正确性的维护，保护数据库中数据不受破坏，亦即是防止非法使用删除（delete）、修改（update）等影响数据完整的操作。

  3 个基本功能：设置功能、检查功能和处理功能。

  关系数据库完整性规则由三部分内容组成：实体完整性规则（entity integrity rule）、参照完整性规则（reference integrity rule）和用户定义的完整性规则（userdefined integrity rule）。

  触发器：一般由触发事件与结果动作两部分组成，其中触发事件给出了触发条件（完整性约束条件），当触发条件一旦出现，触发器则立刻调用对应的结果动作（完整性检查）对触发事件进行处理（完整性检查的处理）。

- 事务处理　事务处理是数据库动态控制中的一个基本单位。

  事务（transaction）是数据库应用程序的基本逻辑工作单位，在事务中集中了若干个数据库操作，它们构成了一个操作序列，它们要么全做，要么全不做，是一个不可分割的工作单位。

  事务的 4 个特性（ACID 性质）：事务的原子性（atomicity）、一致性（consistency）、隔离性（isolation）以及持久性（durability）。

  一个事务一般由 SET TRANSACTION 开始至 COMMIT 或 BOLLBACK 结束。

  事务的整个活动过程如图 1-2 所示：

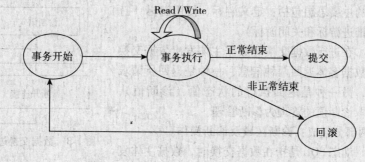

图 1-2　事务活动过程图

- 并发控制。

  事务执行方法：串行执行、并发执行。

  并发执行的可串行化：事务在并发执行时像串行执行时一样（正确）。

并发控制技术：为确保并发执行的可串行化所采用的技术。

封锁：是事务对某些数据对象的操作实行某种专有的控制，包含两种锁：排它锁和共享锁。

封锁协议：对不同封锁方式考虑可组成不同封锁规则。

活锁：某些事务永远处于等待状态，得不到解锁机会。解决方法是采用"先来先执行"的控制策略。

死锁：事务间对锁的循环等待。解决方法有预防法、死锁解除法。

- 故障恢复　数据库故障恢复技术采用主要冗余与事务两种手段来恢复数据库中的数据。数据冗余是采取数据备用复本和日志；事务是利用事务作为操作单位进行恢复。

  数据库故障恢复三大技术：数据转储、日志和事务撤销与重做。

  数据库故障可分为小型故障（事务内部故障）、中型故障（系统故障）与大型故障（磁盘故障、计算机病毒、黑客入侵）等三种类型。

  不同类型的故障，采用的恢复技术不同。

- 数据交换　数据交换是数据主体（数据的使用者）与数据客体（数据库）之间数据的交互过程。

  数据交换的管理是对数据交换的方式、操作流程及操作规范的控制与监督。其内容包括会话管理、连接管理、游标管理、诊断管理和动态 SQL。

  数据交换流程如图 1-3 所示。

- 会话管理　数据交换是两个数据体之间的会话过程，而会话是需要在相同的平台与环境下进行的。数据交换中的会话管理就是设置环境参数（数据客体、字符集、本地时区、授权标识符等），建立会话环境。

- 连接管理　连接管理建立交换主、客体间的物理连接（以及断开物理连接）。物理连接参数包括连接两个端点的物理地址（用户名与数据模式名）连接名、相应的内存区域分配以及连接的数据访问权限等。

- 游标管理　游标（cursor）用于将数据客体数据库中的集合量逐一转换成数据主体（应用程序）中的标量。

  游标方法的主要思想包括：定义游标、使用游标（打开游标、推进游标和关闭游标）。

- 诊断管理　在进行数据交换时数据主体发出数据交换请求后，数据客体返回两种信息，一种是返回所请求的数据值，另一种是返回执行的状态值（诊断值），生成、获取诊断值的管理为诊断管理。

  诊断管理由两部分组成：诊断区域及诊断操作。

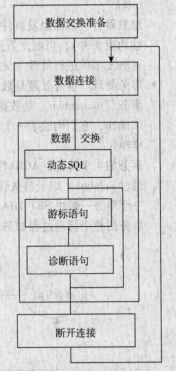

图 1-3　数据交换过程的流程图

- 动态 SQL　动态 SQL 是指在数据交换时，数据主体发出的 SQL 语句请求不能预先确定，而需根据情况在应用程序运行时动态指定。

  动态 SQL 的实现由两部分完成，一部分是操作描述符区（分配／解除描述符、设置描述符、取描述符），另一部分是使用动态 SQL（准备、执行）。

- 数据服务　关系数据库管理系统一般为用户提供方便的多种操作服务，以函数、过程、组件或工具包等多种形式出现。
- 数据字典　数据字典是一种特殊的数据服务，它提供有关数据库系统内部的元数据（数据结构数据、数据控制数据、数据交换数据、数据操纵数据）服务。
- 关系数据库管理系统的扩充功能　常用的五种对外数据交换方式为：人机交互方式（无接口）、嵌入式方式、自含式方式（一般用于存储过程、触发器及后台应用程序编制中）、调用层接口方式（应用于 C/S 与 B/S 结构模型中）、XML 方式（应用于 Web 环境）。

2. 组成

关系数据库管理系统的组成如图 1-4 所示。

3. SQL

SQL 语言又称结构化查询语言（structured query language）。

（1）SQL 的特点

- SQL 是一种非过程性语言。
- SQL 是一种统一的语言。
- SQL 是以关系代数为理论支撑的语言，结构简洁、表达力强、内容丰富。

（2）SQL 的功能

- 数据定义功能。包括：模式、基表、视图的定义与取消；完成索引、集簇的建立与删除。
- 数据操纵功能。包括：数据的查询、删除、插入和修改。
- 数据控制功能。包括：数据的完整性约束、数据的安全性及存取授权、数据的并发控制及故障恢复。
- 数据交换功能。包括：会话、连接、游标、诊断与动态 SQL。
- SQL 扩展功能。包括四种对外数据交换方式：嵌入式方式、自含式方式、调用层接口方式和 XML 方式。

4. 本节的重点内容

关系数据库管理系统组成。

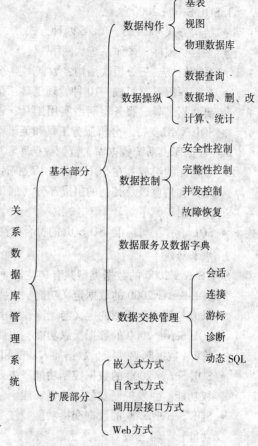

图 1-4　关系数据库管理系统组成

1.6　关系数据管理系统 SQL Server 2000 介绍

1.6.1　学习要求

1）了解 SQL Server 2000 的运行平台；

2）理解 SQL Server 2000 的三层结构；

3）了解 SQL Server 2000 的常用管理工具；

4）掌握 SQL Server 2000 的基本功能和扩充功能。

1.6.2 知识点

1. SQL Server 2000 概貌
- 结构方式 C／S、B／S 两种方式。
- 平台 硬件、操作系统、网络。
- 系统组成 三级层次结构：数据库服务器组—数据库服务器—数据库。
- 数据库服务器组成 10 种管理工具：企业管理器、查询分析器、服务管理器、导入和导出数据工具、服务器网络实用工具、客户端网络实用工具、事件探查器、在 IIS 中配置 SQL XML 支持、分析服务工具和英语程序工具。

3 种数据库：系统数据库、范例数据库和用户数据库。
- 数据库的组成 在 SQL Server 中数据库由若干对象组成，它们是：表、视图、存储过程、用户和角色以及其他的组成部分（如规则、默认值、用户定义数据类型、用户定义函数及索引等）。
- SQL 语言 与标准 ISO SQL 的符合度高，由基本 SQL 和扩充 SQL 组成。

2. 基本功能

SQL Server 2000 的数据类型共有 9 类 21 种。
- SQL Server 2000 的数据定义功能 主要有：数据模式的定义、修改与删除；基表的定义、修改与删除；视图的定义与删除；索引的定义与删除。
- SQL Server 2000 的数据操纵功能 主要有：数据查询功能（单表和多表查询、查询间运算）、数据删除功能、数据插入功能和数据修改功能。
- SQL Server 2000 的数据控制功能 主要有：完整性约束功能及触发器功能、安全性及授权功能、并发控制及故障恢复功能。
- SQL Server 2000 的数据交换功能 主要有：连接功能、游标功能、诊断功能、动态 SQL 功能。
- SQL Server 2000 的数据服务功能 主要有：通过企业服务器等 10 种管理工具、多种函数和多种系统存储过程提供服务功能；提供系统数据库、范例数据库等 6 个数据库作为其数据字典。

3. SQL Server 2000 的扩充功能
- 人机交互方式 通过企业管理器及查询分析器丰富的可视化界面建立人机间的数据交换。
- 自含式方式 SQL Server 2000 中提供自含式语言 T-SQL，将核心 SQL、算法语言中的流程控制以及两者的接口融于一体。
- 调用层接口方式 SQL Server 2000 提供 ODBC 接口。
- XML 方式 通过 ASP 及 ADO 将 XML 与数据库结合于一体，形成具有 Web 数据库功能的系统。

4. 本节的重点内容

SQL Server 2000 基本功能与扩充功能。

第2章 数据库操作

数据库系统中的操作主要是指 SQL 操作，本章对 SQL 的数据定义、数据操纵、数据控制和交换四大功能进行了总结。

2.1 SQL 的数据定义与操纵语句

2.1.1 学习要求

1) 了解 SQL 中的数据定义与数据操纵的语句；
2) 熟练使用 SQL Server 2000 中的数据定义语句；
3) 熟练使用 SQL Server 2000 中的数据操纵语句。

2.1.2 知识点

1. 数据库操作方式

SQL Server 2000 中的所有操作均可通过企业管理器和查询分析器完成。

2. 基本功能

(1) SQL 的数据定义基本功能——三层结构

- 模式定义层　一个模式对应于一个应用系统，一个模式由若干个表、视图以及相应索引所组成。模式由"创建模式"定义，用"删除模式"取消。
- 表结构定义层——基表、视图及索引。
  基表：关系数据库管理系统中的基本结构。用"创建表"定义表结构，用"修改表"对表结构作更改，用"删除表"取消基表。
  视图：建立在同一模式表上的虚拟表，可由其他表导出。用"创建视图"定义，用"删除视图"取消。
  索引：用"建立索引"以构建索引，用"删除索引"撤销。
- 列定义层——表中属性的定义　包括列名、列的数据类型以及列的完整性约束条件。一般在定义表结构时同步定义。

(2) SQL 的数据操纵基本功能

- 查询。
- 增、删、改。
- 其他。

3. SQL 语句

(1) SQL'92 数据定义语句

- 模式定义层——数据模式定义与删除。
  模式定义：Create Schema <模式名> Authorization <用户名>
  模式删除：Drop Schema <模式名>,<删除方式>
- 表结构（及列定义）定义层——创建表、修改表、删除表；创建视图、删除视图；创建索引、删除索引。

创建表：Create Table <表名>(<列定义> [<列定义>]…)[其他参数]

修改表：Alter Table <表名> Add | Drop <列名> <数据类型>

删除表：Drop Table <表名>

创建视图：Create View <视图名>([<列名>[，<列名>]…])As <Select 语句>

删除视图：Drop View <视图名>

创建索引：Create[Unique][Cluster]Index <索引名>On <基表名>（<列名>[<顺序>][，<列名>[<顺序>]，…]）[其他参数]

删除索引：DROP INDEX <索引名>

- 数据类型层——21 种数据类型。

（2）SQL'92 数据操纵语句

- SQL 查询：

① SELECT 语句主要成分：

```
Select    目标子句
From      范围子句
Where     条件子句
```

② Where 子句的使用：Where 子句中的条件是一个逻辑值，其值为 T（真）或 F（假），条件为布尔表达式。布尔表达式包括操作数、谓词及其联结符 AND、OR、NOT 所组成的公式。

操作数：标量个体及集合量。

标量谓词：比较谓词，DISTINCT，BETWEEN，LIKE，NULL。

集合谓词：IN，CONTAINS，EXIST。

标量 - 集合量谓词：ANY，ALL。

③ SELECT 语句间的集合运算：UNION，INTERSECT，EXCEPT。

- SQL 更新语句：

SQL 插入语句_1：

```
Insert Into <表名>[<列名>[，<列名>]…]
Values (<常量>[<常量>]…)｜<子查询>
```

SQL 插入语句_2：

```
Insert Into <表名>[<列名>[，<列名>]…]<子查询语句>
```

SQL 删除语句：

```
Delete From <基表名> Where <逻辑条件>
```

SQL 修改语句：

```
Update <表名> Set <列名>=表达式[，<列名>=表达式]…
Where <逻辑条件>
```

- 其他。

统计函数——COUNT、SUM、AVG、MAX、MIN。

分类子句——GROUP BY、HAVING。

赋值子句——INTO。

（3）SQL Server 2000 中的数据定义语句

- 与 SQL'92 符合度高。

- 两种常用操作方式：查询分析器（命令操作）和企业管理器（图形化界面操作）。

- 语句包括：数据库（对应于 SQL'92 中的模式）的创建与删除；表的创建、修改和删除；

视图的创建和删除；索引的创建和删除。

（4）SQL Server 2000 中的数据操纵语句

- 与 SQL'92 符合度高。
- 两种常用操作方式：自含式方式——T-SQL；人机交互方式——查询分析器。
- 包括查询 SELECT、更新（插入 INSERT、删除 DELETE 和修改 UPDATE）。

4. 本节的重点内容

SELECT 语句的使用。

2.2　SQL 的数据控制语句

2.2.1　学习要求

1）了解 SQL 的数据控制语句；

2）掌握在 SQL Server 2000 中实现数据控制的方法；

3）熟练使用 SQL Server 2000 的数据控制语句。

2.2.2　知识点

1. C_1 级数据库安全功能

- 主体、客体及主／客体分离。
- 身份标识与鉴别。
- 自主访问控制与授权功能。
- 审计。

2. 安全性控制语句

SQL'92 中提供了 C_1 级数据库安全的支持。

（1）国际标准安全性控制语句

主体为用户与 DBA；客体为表、视图；遵循主／客体分离的原则。

- 口令设置。
- 授权语句及角色授权语句。

　　为登录用户设置了 6 种操作权限：SELECT 权（查询权）、INSERT 权（插入权）、DELETE 权（删除权）、UPDATE 权（修改权）、REFERENCE 权和 USAGE 权。

　　登录用户数据域（可访问数据的对象）分两种：表和表中的列。

　　授权语句：Grant <操作表> On <数据域> To <用户名表> [With Grant Option]

　　回收语句：Revoke <操作表> On <数据域> From <用户名表> [Restrict / Cascade]

　　角色授权语句：Grant <角色名> To <用户名表>

　　取消角色语句：Revoke <角色名> To <用户名表>

- 审计语句（非标准）。

　　设置审计语句：Audit <操作表> On <数据域名>

　　取消审计语句：Noaudit <操作表> On <数据域名>

（2）SQL Server 2000 中的安全性控制语句

　　SQL Server 2000 中的数据安全控制与微软操作系统中的安全控制组成一个全局的安全体系，该安全体系自下而上共分四层：操作系统层（负责整个系统的安全）、数据库服务器层（SQL Server 中的安全）、数据库层（数据模式的安全）及对象层（表、视图及存储过程中的安全）。

　　SQL Server 2000 具有完备的 C_1 级安全控制功能；主体为用户、用户组，客体为对象（包括表、视图、列及存储过程)。

在 SQL Server 2000 中,用户访问数据必须经过三个阶段:验证身份(能登录到 SQL Server 数据库实例)、验证账号(能访问数据库)和验证操作权限(能执行数据操作语句)。

- SQL Server 2000 的两种身份验证模式:仅 Windows 模式和混合模式。

  使用混合模式时,用户必须是已注册的登录用户(提供用户名和口令)。

  在 SQL Server 2000 可以使用系统存储过程进行管理用户与 SQL Server 的连接:

  授权登录用户:sp_grantlogin @ loginname = '用户或组名'

  拒绝登录用户:sp_denylogin @ loginname = '用户或组名'

  废除登录用户:sp_revokelogin @ loginname = '用户或组名'

  增加登录用户:sp_addlogin @ loginname = '用户或组名'

  删除登录用户:sp_droplogin @ loginname = '用户或组名'

- 数据库账号的建立与撤销。

  在 SQL Server 2000 中可以使用系统存储过程管理登录用户对数据库的访问:

  授权访问数据库用户:sp_grantdbaccess @ loginname = '用户或组名'

  废除访问数据库用户:sp_revokedbaccess @ name_in_db = '账户名'

- 授权语句及角色授权语句。

  设置许可权限(用户对数据库对象的使用权限),包括:SELECT 权(查询权)、INSERT 权(插入权)、DELETE 权(删除权)、UPDATE 权(修改权)、REFERENCE 权和 EXE-CUTE 权(用于存储过程)。

  授权语句:Grant <权限列表> [On <操作对象>] To <用户(用户组)列表>

  回收授权语句:Revoke <权限列表> [On <操作对象>] From <用户(用户组)列表>

3. 完整性控制语句

(1) 国际标准安全性控制语句

- 域约束。

  约束数据域的范围与条件:Check <约束条件>

  定义默认值:Default <常量表达式>

- 表约束。

  主键约束:Primary Key <列名序列>

  外键约束:

```
Foreign Key <列名序列>
Reference <参照表> <列名序列>
[On Delete <参照动作>]
[On Update <参照动作>]
```

  检查约束:Check <约束条件>

- 断言。建立多表间属性的约束条件。

  创建断言:Create Assertion <断言名> Check <约束条件>

  撤销断言:Drop Assertion <断言名>

- 触发器语句。

  创建触发器语句:

```
Create Trigger <触发器名> <触发动作时间>
<触发器事件> On <表名> [Referencing <旧/新列名清单>]
<触发器类型> [When <触发条件>]
```

<触发动作体>

删除触发器语句：Drop Trigger <触发器名>On <表名>

（2）SQL Server 2000 中的完整性控制语句

SQL Server 2000 中的数据完整性的三个内容：实体完整性、参照完整性以及用户定义完整性规则。

在 SQL Server 2000 中，通过规则、默认值、约束和触发器等数据库对象来保证数据的完整性。

- 规则：对数据域的值的规定和限制，包括规则的创建、绑定（建立规则与对象的联系）、解除（取消规则与对象的联系）和删除。

  创建规则语句：Create Rule <规则名>As <条件表达式>

  删除规则语句：Drop Rule <规则名>

  规则的绑定和解除可以通过企业管理器和系统存储过程完成。

  绑定规则：sp_bindrule @ rulename ='规则名', @ objectname ='对象名'

  解除规则：sp_unbindrule @ objectname ='对象名'

- 默认值：包括默认值的创建、绑定（建立默认值与对象的联系）、解除（取消默认值与对象的联系）和删除。

  创建默认值语句：Create Default <默认值名>As <常量表达式>

  删除默认值语句：Drop Default <默认值名>

  默认值的绑定和解除可以通过企业管理器和系统存储过程完成。

  绑定默认值：sp_binddefault @ rulename ='默认值名', @ objectname ='对象名'

  解除默认值：sp_unbinddefault @ objectname ='对象名'

- 约束：SQL Server 2000 中的约束有两类：域约束和表约束。域约束包括检查约束、默认约束、非空值约束；表约束包括主键约束、外键约束、唯一性约束。

  检查约束：[Constraint <约束名>]Check[No Replication](<条件表达式>)

  默认约束：[Constraint <约束名>]Default <常量表达式>For 列名

  非空值约束：[Constraint <约束名>]Not NULL

  主键约束：[Constraint <约束名>]Primary Key

  外键约束：

  [Constraint <约束名>][Foreign Key(<列名>…)References <表名> (<列名>…)]

  唯一性约束：[Constraint <约束名>]Unique

- 触发器：当对表进行 INSERT、UPDATE 和 DELETE 操作时，SQL Server 2000 会自动执行触发器所定义的 T-SQL 语句。SQL Server 2000 中支持两种类型的触发器：前触发器和后触发器。

  创建触发器语句：

```
Create Trigger <触发器名>
On <表名 | 视图名>
[With Encryption]
<
  <<For | After | Instead Of>
<[Delete][Insert][Update] >>
[With Append]
[Not For Replication]
As
<If Update(列名)
```

```
[{And｜Or}Upadte(列名)]
[…n]>
｜If(Columns_Update()<位逻辑运算符>位掩码)
<比较操作符>列名)位掩码[…n]
SQL过程>
>
删除触发器语句: Drop Trigger<触发器名>
```

4. 事务

事务是一个逻辑工作单元,必须具有4个属性:原子性、一致性、隔离性和持久性。其特点是:要么全部执行完事务中所有的操作;要么所有操作都不做。

一个应用由若干个事务组成,事务一般嵌入在应用中。

(1) 国际标准事务语句

设置事务语句: Begin Transaction

事务提交语句: Commit

事务回滚语句: Rollback

(2) SQL Server 2000 中的事务管理

设置事务语句: Begin Transaction

事务提交语句: Commit

事务回滚语句: Rollback

设置事务保存点语句: Save Transaction<保存点>

事务回滚到保存点前的状态: Rollback Transaction[<事务名>｜<保存点>]

5. 故障恢复

国际标准无故障恢复功能。

(1) 故障恢复的三大操作

- 事务的撤销与重做(Undo 与 Redo)
- 备份——数据服务
- 日志——数据服务

(2) SQL Server 2000 中的故障恢复

- 备份——数据服务。

  SQL Server 2000 提供4种数据库备份与恢复方式:完整数据库备份、事务日志备份、差异备份(Differeial)与文件或文件组还原。

  备份设备:存放备份数据的设备,有三种:磁盘设备(disk)、磁带设备(tape)及物理和逻辑设备。

  数据库备份语句:

  ```
  Backup Database<数据库名>To<备份设备>
  [With[Differeial][, Noinit｜Init]]
  ```

- 日志——数据服务。

  事务日志备份语句:

  ```
  Backup Log<数据库名>To<备份设备>[With Noinit｜Init]
  ```

- 故障恢复——用备份及日志作故障恢复。

  SQL Server 2000 中的故障恢复一般常用企业管理器实现。

  在恢复日志备份时,首先恢复完全数据库备份,再恢复差异备份,最后恢复日志备份。

数据库恢复语句:

```
Restore Database <数据库名> From <备份设备>
[With[Norecovery | Recovery]]
```

事务日志恢复语句:

```
Restore Log <数据库名> From <备份设备>
[With[Norecovery | Recovery][, Stopat = 日期时间]]
```

6. 本节的重点内容
- SQL 安全性控制语句。
- SQL 事务语句。

2.3 SQL 的数据交换语句

2.3.1 学习要求

1) 了解 SQL 中的数据交换语句;
2) 熟练使用 SQL Server 2000 中的连接管理语句、游标管理语句;
3) 掌握 SQL Server 2000 中的动态 SQL 语句的使用方法。

2.3.2 知识点

1. SQL 数据交换语句分类

分为五类: 会话管理、连接管理、游标管理、诊断管理以及动态 SQL 语句。

- 会话管理语句。会话管理语句主要是数据交换中主体与客体间建立统一会话平台的语句, 包括: 设置会话特征语句、设置目录语句、设置模式语句、设置本地时区语句、设置会话字符集、设置会话用户标识符语句。

  设置会话特征语句: Set Session Characteristics As <会话特征清单>

  设置目录语句: Set Catalog <目录名>

  设置模式语句: Set Schema <模式名>

  设置本地时区语句: Set Time Zone <时区值>

  设置会话字符集: Set Name <字符集名>

  设置会话用户标识符语句: Set Session Authorization <标识符名>

  在 SQL Server 2000 中无专用会话管理语句。

- 连接管理语句。连接管理语句主要用于数据交换中主客体间建立实质性关联的语句, 包括: 连接语句、置连接语句与断开语句。

  连接语句: Connect To <SQL 服务器名> As <连接名> User <连接用户名>

  置连接语句: Connect To <连接名>

  断开语句: Disconnect <断开连接名> | All | Current

- 游标管理语句。游标管理语句主要用于在数据交换时, 数据库中的集合量数据与应用程序的标量数据间的转换, 包括: 定义游标语句、打开游标语句、推进游标语句和关闭游标语句。

  定义游标语句: Declare <游标名> Cursor For <Select 语句>

  打开游标语句: Open <游标名>

  推进游标语句: Fetch <定位取向> From <游标名> Into <程序变量列表>

  其中 <定位取向> 为下列之一:

Next	从当前位置向前推进一行
Prior	从当前位置向后推进一行
First	推向游标第一行
Last	推向游标最后一行
Absolute − n	从当前位置向后推进 n 行
Absolute + n	从当前位置向前推进 n 行
Relative + n	推向游标第 n 行
Relative − n	推向游标倒数第 n 行

关闭游标语句：Colse < 游标名 >

- 诊断管理语句。诊断管理语句主要用于获取 SQL 语句执行后的状态。一般与游标管理语句匹配使用。只有一条：

  Get Diagnostics〈SQL 诊断信息〉

  在 SQL Server 2000 中，系统自动将诊断信息放入全局变量（sqlca）中，在程序中可直接使用全局变量而不必使用"获取诊断语句"。

- 动态 SQL 管理语句。动态 SQL 管理主要用于在 SQL 语句有时无法预先确定时，需根据应用程序运行动态设置的管理，包括：设置描述符区语句（分配描述符区语句、设置描述符语句、解除分配描述符区语句）、存放与获取描述符语句（获取描述符语句）、执行动态 SQL 语句（准备语句、执行语句、立即执行语句）。

  分配描述符区语句：Allocate Descriptor< 描述符名 >

  设置描述符语句：Get Descriptor < 描述符名 > < 置描述符信息 >

  解除分配描述符区语句：Dellocate Descriptor < 描述符名 >

  获取描述符语句：Get Descriptor < 描述符名 > < 取描述符信息 >

  准备语句：Prepare < 动态 SQL 语句名 > From < 动态 SQL 语句 >

  执行语句：Execute < 动态 SQL 语句名 >

  立即执行语句：Execure Immidiate < 动态 SQL 语句 >

2. 常用的 SQL 数据交换语句

- 连接管理语句。
- 游标管理语句。
- 动态 SQL 管理语句。

3. 本节的重点内容

21 条语句的结构形式及作用。

2.4 SQL 中数据交换之一——人机交互方式

2.4.1 学习要求

1）掌握 SQL Server 2000 的常用图形工具（企业管理器、查询分析器和事件探查器）的使用方法；

2）熟练使用 SQL Server 2000 的企业管理器。

2.4.2 知识点

1. 人机交互方式概述

（1）人机交互方式使用环境

- 单机、集中式。
- C/S。
- B/S。

（2）人机交互方式的使用形式

- 命令行。
- 图形化界面 GUI。

2. SQL Server 2000 中的人机交互方式

（1）SQL Server 2000 中的人机交互方式使用环境

- C/S。
- B/S。

（2）SQL Server 2000 中的人机交互方式的工具

- 企业管理器　是核心的管理工具。通过企业管理器可以完成主要的数据库管理和数据库操作工作。
- 查询分析器　用于交互地设计和测试 T-SQL 语句、批处理和脚本。
- 事件探查器　是从服务器捕获 SQL Server 2000 事件的工具。

（3）SQL Server 2000 中的人机交互方式的企业管理器的使用

- 数据库服务器组及数据库服务器管理　包括：定义服务器；注册与删除服务器；连接与断开服务器；服务器的属性配置。
- 数据定义功能　包括：数据库的定义与删除；表的创建、删除与修改；视图的创建与删除；存储过程的定义、修改和删除等。

3. 本节的重点内容
- SQL Server 2000 的人机交互方式。
- 企业管理器的使用。

2.5　SQL 中数据交换之二——SQL 自含式 SQL

2.5.1　学习要求

1）理解自含式 SQL 的一般原理；
2）了解 SQL/PSM 语句；
3）掌握 SQL Server 2000 中的自含式 SQL 语言 T-SQL 的使用。

2.5.2　知识点

1. 自含式 SQL 一般原理

（1）自含式 SQL 的使用环境

自含式 SQL 用于在服务器内的数据交换。

- 单机、集中式——主机内。
- C/S、B/S——服务器内。

（2）自含式 SQL 目前应用范围

- 存储过程。
- 触发器。
- 后台编程。

（3）自含式 SQL 的内容

- SQL 核心内容　包括：SQL 的数据定义、数据操纵及数据控制部分内容。
- 算法语言的控制成分　包括：控制类语句、输出语句等。
- SQL 数据交换部分内容　包括：游标、诊断及动态 SQL。
- 服务性内容　包括：服务性的函数库、类库，以及输入、输出、加载、拷贝、监控与图形、图像等多媒体服务功能等。

（4）自含式 SQL 的特点

- 自含式 SQL 是一种完整的语言，可以用于编程。
- 将传统的程序设计语言与 SQL 相结合，其数据为标量形式，而访问数据库则采用游标方式，其数据为集合量形式。
- 编写的程序以过程或模块形式长期存储于服务器内供应用程序调用。

2. SQL/PSM

（1）SQL/PSM 的内容

- 声明部分　包括：变量声明、条件声明和句柄声明。
- 流程控制　包括：复合语句、条件语句、循环语句。
- SQL 部分基本内容　包括：SQL 中的数据定义和部分数据控制语句。
- SQL 部分数据交换内容　包括：SQL 数据交换中的游标、诊断及动态 SQL 语句。

（2）SQL/PSM 中模块的建立

- 模块建立与撤销：Create | Drop Module。
- 例程建立与撤销：Create | Drop Procedure。

3. T-SQL 的内容

（1）T-SQL 的内容

- 数据类型、变量与表达式。

SQL Server 2000 的数据类型共有 21 种。

SQL Server 允许使用局部变量（以 @ 为前缀，先说明后使用）和全局变量（由系统预先定义，以 @ @ 为前缀）。

局部变量的说明语句：Declare @ ＜变量名＞ ＜变量类型＞[, @ ＜变量名＞ ＜变量类型＞…]

变量用 Select 或 Set 语句来赋值。

1）用 Select 语句：

```
Select @ ＜变量名＞ = ＜表达式＞[, @ ＜变量名＞ = ＜表达式＞…]
```

或

```
Select @ ＜变量名＞ = ＜表达式＞[, @ ＜变量名＞ = ＜表达式＞…]
From ＜表名＞ | ＜视图名＞[, ＜表名＞ | ＜视图名＞…]
```

2）用 Set 语句：

```
Set @ 局部变量名 = 变量值
```

T-SQL 中的运算符有算术运算符（ + 、 − 、 * 、 / 、% ）、比较运算符（ = 、! = 、< > 、> 、> = 、! > 、< 、< = 、! < ）、逻辑运算符（NOT、AND、OR）、字符串运算符（ + ）等四种。

表达式由常量、变量、属性名或函数通过与运算符的有机结合构成各类表达式。常用的表达式类型有：数值型表达式、字符型表达式、日期型表达式和逻辑关系表达式。

T-SQL 中有两类注释符：单行注释符（ − − ）和多行注释符（ / * …… * /）

- 基本 SQL 操作　包括：数据定义类语句、数据操纵类语句和数据控制类语句。

- 数据交换中的游标操作。

游标定义游标语句：

```
Declare <游标名>[Scroll]Cursor
For <Select 语句>
[For{Read Only|Update[Of <列名>[, <列名>…]]}]
```

打开游标语句：Open <游标名>

推进游标语句：

```
Fetch[[Next|Prior|First|Last|Absolute ±n|Relative ±n]
From] <游标名>
[Into@ <变量名1>, @ <变量名2>…]
```

此语句先移动指针，然后取出指针所指向的数据元组中的数据并放入 Into 后变量中。

关闭游标语句：Close <游标名>

删除游标语句：Deallocate <游标名>

在 T-SQL 中的诊断值存放在全局变量@@FETCH–STATUS 中，通过它可以获得诊断结果。

- 程序流程控制及输出语句。

  语句块：Begin…End

  条件语句：If…Eelse 语句和 Case 语句

  循环语句：While…Break…Continue 语句

  无条件转移语句：Goto 语句

  等待语句：Waitfor 语句

  返回语句：Return 语句

  输出语句：Print 语句

  出错提示语句：Raiserror

- 函数。

  分为三类：行集函数（CONTAINSTABLE、FREETEXTTABLE、OPENQUERY、OPENROW-SET）、聚合函数（COUNT、SUM、AVG、MAX 及 MIN）和标量函数（类型转换函数、数学函数、字符串函数、日期函数、系统函数和图像函数）。

  类型转换函数：ASCII、CHAR、LOWER、UPPER、STR；

  数 学 函 数：ABS、SON、COS、TAN、ASIN、ACOS、STAN、EXP、SQRT、RAND、ROUND、SIGN、POWER、LOG、LOG10；

  字符串函数：CHARINDEX、LEFT、LEN、LTRIM、REPLICATE、RIGHT、RTRIM、SUB-STRING；

  日期函数：GETDATE、YEAR、MONTH、DAY、DATEADD、DATEDIFF、DATEPART；

  系统函数：CURRENT_USER、USER_NAME、USER_ID、HOST_NAME、HOST_ID、DB_NAME、DB_ID、OBJEST_NAME、OBJECT_ID、DATALENGHT、SYSTEM_USER、APP_NAME）；

  文本和图像函数：PATINDEX、TEXTPTR、TEXTVALID。

- 文本与图像操作　包括：Readtext 语句、Writetext 语句和 Updatetext 语句。

（2）T-SQL 中的存储过程

创建存储过程：Create Procedure <存储过程名> (<参数表>) AS <过程体>

撤销存储过程：Drop Procedure <存储过程名>

调用存储过程：Call ＜存储过程名＞(＜参数表＞)

（3）T-SQL 编程

4. 本节的重点内容

自含式 SQL 的内容与 T-SQL 的内容。

2.6 SQL 中数据交换之三——调用层接口方式

2.6.1 学习要求

1）了解 SQL/CLI 调用接口的组成；

2）掌握 ODBC 调用接口的结构原理与工作流程；

3）学会在 C/S 结构中使用 ODBC 对数据库进行操作。

2.6.2 知识点

1. 网络环境所引发的数据交换方式变化

（1）C/S 结构方式——数据与应用程序分离

将数据库应用系统分离成"数据"与"应用"两部分，在物理上分布于网络不同结点，通过一定接口将其连接起来，在逻辑上组成一个整体。为数据提供服务的服务器完成存储逻辑功能，而应用程序所在的客户机则完成应用逻辑与表示逻辑功能，如图 2-1 所示。

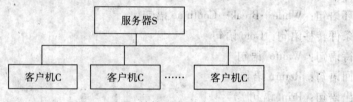

图 2-1   C/S 结构示意图

在 C/S 结构模式中，客户机向服务器提出数据请求后，通过接口将请求传送至服务器，服务器响应请求后，对数据请求作处理，并将结果返回给客户机。

C/S 结构模式的优点：数据共享、结构灵活、分布均匀。

（2）接口的重要性

接口用于连接应用结点与数据结点，一般是一种专用接口工具。

（3）调用层接口

应用程序与数据库间的数据交换是网络上的两个接点之间的数据通信，称为调用层接口，即通过应用程序调用以接口方式实现数据交换。

2. 三种调用层接口

• SQL/CLI：调用层接口的国际标准；

• ODBC：微软的标准；

• JDBC：UNIX 下基于 JAVA 的标准。

3. SQL/CLI

（1）SQL/CLI 的三个部分

连接阶段、数据交换阶段和断开阶段。

（2）SQL/CLI 的连接阶段

连接阶段的函数包括：分配 SQL 环境（AlloEnv）、SQL 资源（AlloHandle）、SQL 语句（AlloStmt）、SQL 连接（AlloConnect）和创建连接（Connect）。

（3）SQL/CLI 数据交换阶段

有关游标的函数包括：设置游标名（SetCursorName）、得到游标名（GetCursorName）、推进游标并读取数据（Fetch）、在指定的行定位游标并读取数据（ScrollFetch）和关闭游标（Close-Cursor）。

有关诊断的函数：从诊断区得到信息（GetDiagField）。

有关动态 SQL 的函数包括：在描述符区设置一个字段（SetDescField）、从描述符区取得一个字段（GetDescField）和复制描述符（CopyDesc）。

有关数据获取的函数包括：直接执行语句（ExeDirect）、准备语句（Prepare）和执行准备的语句（Execute）。

（4）SQL/CLI 断开阶段

断开连接阶段的函数包括：取消分配的 SQL 语句（FreeStmt）、取消分配的 SQL 环境（FreeEnv）、取消分配的 SQL 连接（FreeConnect）、释放相关的资源（FreeHandle）和断开连接（DisConnect）。

4. ODBC 接口

（1）ODBC 结构原理

ODBC 主要用于建立客户机与服务器间数据交互的接口，是一个层次结构体系，由四个部分组成：应用程序（调用 ODBC 函数，实现连接数据源，递交 SQL 语句以及返回数据的接收处理与断开连接）、驱动程序管理器（管理各种 DBMS 的驱动程序）、驱动程序（一组针对固定数据源的 ODBC 函数执行码）和数据源（为应用提供数据），如图 2-2 所示。

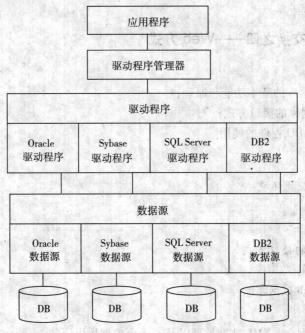

图 2-2　ODBC 结构示意图

（2）ODBC 工作流程

工作流程分为三个步骤：连接、数据交互和断开连接。

- 连接　建立应用程序与数据源的连接，依次进行分配环境句柄、分配连接句柄、连接数据源。

　　分配环境句柄：SQLAllocEnv（phenv）

分配连接句柄：SQLAllocConnect（henv, phdbc）

连接数据源：SQLConnect（hdbc, szDSN, cbDSN, szUID, cbUID, szAuthStr, cbAuthStr）

- 应用程序与数据源交互　向数据源发送 SQL 语句，数据源执行 SQL 语句并返回结果，应用程序获取查询结果。

  发送并执行 SQL 语句有两种方法。

  方法一是直接执行函数：SQLExecDirect（hstmt, szSqlStr, cbSqlStr）

  方法二是有准备执行：准备函数 SQLPrepare（hstmt, szSqlStr, cbSqlStr）

  执行函数 SQLExecute（hstmt）

  使用游标获得查询结果：移动游标指针函数 SQLFetch 和获取列数据函数 SQLGetCol（hstmt, icol, fCType, rgbValue, cbValueMax, pcbValue）

- 断开连接　断开应用程序与数据源的连接，依次进行释放 SQL 语句句柄、断开与数据源连接句柄、释放连接句柄以及释放环境句柄。

  释放语句句柄函数：SQLFreeStmt（hstmt, fOption）

  断开数据源函数：SQLDisConnect（hdbc）

  释放连接句柄函数：SQLFreeConnect（hdbc）

  释放环境句柄函数：SQLFreeEnv（henv）

5. 本节的重点内容
- C/S 结构。
- ODBC 工作流程。

2.7　SQL 中数据交换之四——Web 方式

2.7.1　学习要求

1) 了解 XML 数据库的基本功能与原理；
2) 了解 Web 数据库的接口方式；
3) 熟悉 ASP 中 ADO 控件的使用。

2.7.2　知识点

1. Web 数据库的应用环境
- 互联网。
- Web 应用。

2. XML 与数据库的接口方式
- 紧密型——XML 数据库。
- 松散型——Web 数据库。

3. XML 数据库
（1）一种数据类型——XML 数据类型以及若干个数据操纵语句

XML 数据库是在传统关系数据库增加一种数据类型（XML 数据类型）和五种操作语句（XML 数据模式结构、XML 查询语句、XML 转换语句、XML 发布语句和 XML 提取语句）构成。

（2）两种表示
- SQL/XML。由一种数据类型和一组函数组成，主要有五部分内容：定义 XML 数据类型、XML 转换函数、XML 查询函数、XML 发布函数和 XML 提取函数。
- SQL Server 2000 中的 XML 数据库功能。由一种数据类型和一组函数组成，主要有四部分内容：定义 XML 数据类型、XML 查询函数、XML 发布函数和 XML 提取函数。

4. 常用的 4 种 Web 数据库接口方式

- 网关方式。
- ASP 方式：基于微软的方式。
- JSP 方式：基于 UNIX 及 Java 的方式。
- PHP 方式：流行于 MYSQL 中。

5. SQL Server 2000 中的 Web 方式

（1）ASP 接口方式

ASP 由脚本语言（VBScript、JavaScript）以及 ADO（ActiveX Data Object，外部组件）控件两部分组成，如图 2-3 所示。脚本语言可插入 XML；ADO 是一种调用层接口，脚本语言用 ADO 与数据库接口。

（2）ADO 控件

ADO 是 ASP 的外接组件，采用面向对象技术，用类/对象/组件以及方法等表示相关概念，由三大组件组成：Connection 对象（用于建立数据源与 ASP 程序间的连接与断开）、Command 对象（用于定义数据库查询以及调用存储过程等操作）和 RecordSet 对象（获取一组数据记录集，含有游标操作，并可执行查询、增、删、改等操作）。

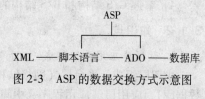

图 2-3　ASP 的数据交换方式示意图

- ADO 结构　　ADO 结构如图 2-4 所示。
- ADO 操作步骤　　ADO 的操作步骤包括连接、处理与断开连接三个步骤。

连接：使用 Connection 对象；

处理：使用 Connection 对象、RecordSet 对象以及 Command 对象对数据作处理；

断开连接：使用 Connection 对象中的方法 Close 断开与数据库的连接。

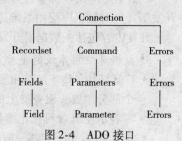

图 2-4　ADO 接口

6. 本节的重点内容

- ASP 接口方式。
- ADO 控件。

第3章 数据库开发应用

掌握数据库技术的目的是为了开发应用，本章对数据库技术的开发领域和应用领域进行了总结。

3.1 数据库应用系统的开发

3.1.1 学习要求

1）了解数据库应用系统开发的平台工具；
2）理解数据库应用系统的开发方法；
3）了解数据库在数据库应用系统中的作用与地位；
4）掌握 C/S 结构和 B/S 结构的数据库应用系统组成。

3.1.2 知识点

1. 数据库应用系统组成

由四层组成：平台层（网络结构、结点计算机及操作系统等）、数据层（数据库管理系统、数据库）、应用层（应用程序、中间件及开发工具）和界面层（应用界面、界面开发工具）。

2. 数据库应用系统开发

以数据库应用系统平台为基础，使用 DBMS、中间件、开发工具（包括应用开发工具与界面开发工具）对数据库应用系统进行开发。

开发内容包括：数据层开发、应用层开发和界面层开发。

3. 数据库应用系统的平台层

- C/S 结构　C/S 结构由服务器和客户机组成，应用程序由分布在服务器和客户机上的三个部分组成：服务器上的存储逻辑（DBMS、数据）、客户机上的应用逻辑（应用程序）和表示逻辑（可视化编程、GUI）。
- B/S 结构　B/S 结构一般由客户机（通用浏览器）、Web 服务器（互联网支撑软件、应用逻辑）、应用服务器（中间件、相应的应用逻辑）及数据库服务器（数据、DBMS）四部分组成。
- 中间件　中间件是一种独立的软件，分布于客户与应用程序之间，用于管理系统软件资源，实现资源共享。

常用的三种中间件：CORBA、J2EE 与 . NET。

4. 数据库应用系统的数据层

（1）数据库应用系统的数据层组成

数据层是整个数据库应用系统中的核心部分，在系统平台中存放于数据库服务器内，由三部分内容组成：数据层的支撑软件（数据库管理系统）、数据/存储过程以及数据字典。

（2）数据库应用系统数据层开发

开发的内容包括：数据结构与约束建立、数据加载、构作存储过程和构作数据字典。

5. 数据库应用系统的应用层

应用层是数据库应用系统中保存与执行应用程序的场所，一般存放于应用服务器内（在 C/S 结构中则存放于客户机内）。

- 数据库应用系统的应用层组成　由三部分组成：中间件、应用开发工具以及应用程序。
- 数据库应用系统的应用层开发。
- 应用层开发设计　分阶段进行：需求分析、系统设计和程序的流程设计。

- 应用程序编程 用应用开发工具编程,完成算法部分编程、与数据库的接口和进行数据操纵与数据处理。

6. 两个典型的数据库应用系统组成
- 两层 C/S 结构的数据库应用系统组成。
- 典型 B/S 结构的数据库应用系统组成。

7. 本节的重点内容
- 中间件。
- 两个典型的数据库应用系统组成。

3.2 数据库设计

3.2.1 学习要求

1)了解数据库设计的任务;
2)掌握数据库设计各阶段的工作内容;
3)学会进行数据库设计。

3.2.2 知识点

1. 与数据库设计相关的知识点
- 软件工程 数据库设计是软件工程的一部分。
- 关系规范化理论。
- 数据库的概念模型、逻辑模型及物理模型。
数据库设计是在上述知识支持下所构成的数据库应用开发流程之一。

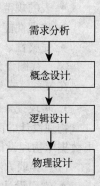

图 3-1 设计流程

2. 设计流程
数据库设计流程如图 3-1 所示。

3. 需求分析
需求分析从调查用户着手,深入了解用户单位数据流程,数据使用情况,数据的数量、流量、流向、数据性质,进行需求分析(绘制数据流图、编制数据字典),最终按一定规范要求以文档形式写出数据的需求分析说明书。

4. 概念设计
在数据需求分析基础上,分析数据间的内在语义关联,建立数据的抽象模型。
常用的方法:E-R 方法。
概念设计是将用户单位分解成若干个具有一定独立逻辑功能的用户组,并针对该用户组的需求分析作视图设计,所有局部视图统一与合并成一个完整的模式。最后按一定规范要求以文档形式写出数据库概念设计说明书。
(1)分解
对数据范围做分解
(2)视图设计
- 视图设计方法 常用的方法有自顶向下、由底向上和从内向外三种。
- 视图设计原则 视图设计必须遵循三个原则:描述信息原则、依赖性原则和一致性原则。
- 视图设计内容 视图设计的内容包括:实体与属性设计(区分实体与属性、描述实体与属性)、联系设计(三类联系:存在性联系、功能性联系和事件联系;实体间联系对应的三种关系:$1:1$、$1:n$ 和 $n:m$)。
(3)视图集成

- 原理与策略 视图集成的实质是所有局部视图统一与合并成一个完整的模式。
  主要使用三种集成方法：等同（identity）、聚合（aggregation）与抽取（generalization）。
- 步骤 视图集成一般分为三步：预集成步骤、最终集成步骤和修改视图解决冲突（命名冲突、概念冲突、域冲突和约束冲突）。

5. 逻辑设计

数据库逻辑设计包括基本设计与视图设计两部分，最后按一定规范要求以文档形式写出数据库逻辑设计说明书。

（1）基本原理

将 E-R 图转换成指定 RDBMS 中的关系模式。

（2）基本设计

- E-R 图转换成关系模式。
  转换方法：属性⇒属性；实体集⇒表；联系（1:1 及 1:n⇒吸收；n:n⇒表）。
- 表的规范化。
- 物理性能调整。
- 完整性、安全性设置。

（3）视图设计

在关系模式基础上设计面向操作用户的视图。

6. 物理设计

物理设计的两个内容为存取方法选择和存取结构设计，最后按一定规范要求以文档形式写出数据库物理设计说明书。

（1）存取方法选择

- 索引设计。
- 集簇设计。
- HASH 设计。

（2）存取结构设计

- 确定系统参数配置。
- 确定数据存放位置。

7. 本节的重点内容

- E-R 图的构作。
- E-R 图到关系表的转换。

3.3 数据库管理

3.3.1 学习要求

1）全面了解数据库管理过程；
2）初步掌握数据库管理的方法。

3.3.2 知识点

1. 数据管理的两个层次

- 低层次——用软件 DBMS 对数据作管理（management）。
- 高层次——DBA 与软件相结合对数据作管理（administration）。

2. 数据库管理与 DBA

- 数据库管理技术层面。

- DBA 负责数据库管理以及行政管理。

3. 数据库管理任务
- 数据库的建立（数据库运行环境的设置，数据模式的建立、数据加载和会话环境的建立）。
- 数据库的调整（调整关系模式与视图、调整索引与集簇、调整分区、调整数据库缓冲区大小以及调整并发度）。
- 数据库的重组（数据库进行重新整理，重新调整存储空间）。
- 数据库的重构（数据库模式的重新构作）。
- 数据库的安全性控制（身份鉴别、存取控制、审计）。
- 数据库的完整性控制（设置完整性约束、设置违反约束的处理、建立必要的规章制度）。
- 数据库的并发控制（性能的调整、死锁、活锁的解除）。
- 数据库的故障恢复（及时恢复遭受破坏的数据）。
- 数据库的监控（随时观察数据库的动态变化）。

4. 数据管理工具
- DBMS 中的 SQL 语句。
- DBMS 中的数据服务。
- 专门工具。
- DBA 自编工具。

5. DBA 任务
- 参与数据库设计的各个阶段的工作，对数据库有足够的了解。
- 负责数据库的建立、调整、重组与重构。
- 维护数据库中数据的安全性。
- 完整性以及对并发控制作管理。
- 负责数据库的故障恢复及制订灾难恢复计划。
- 对数据库作监控，及时处理数据库运行中的突发事件并对其性能作调整。
- 帮助与指导数据库用户。
- 制定必要的规章制度，并组织实施。

6. 三权分列模式
- DBA。
- 安全管理员。
- 审计员。

7. 本节的重点内容
数据库管理的九大任务。

3.4 数据库三大应用领域

3.4.1 学习要求
1）了解数据库系统的应用领域；
2）初步理解数据库系统的应用领域中的数据库的支撑。

3.4.2 知识点

1. 数据库应用的三个发展阶段
- 第一阶段：20 世纪 60～80 年代，事务处理领域（主要支撑数据库——关系数据库）。
- 第二阶段：20 世纪 80～90 年代，非事务处理领域（主要支撑数据库——专用数据库或关系数据库扩充）。

- 第三阶段：20世纪90年代至今，分析领域（主要支撑数据库——数据仓库）。

2. 数据库应用三大领域

事务处理领域（MIS、OA、EC、ERP、CRM等）、非事务处理领域（工程领域、多媒体领域、GIS领域）和分析领域（决策支持系统、OLAP、DM）。

3. 事务处理领域应用

事务处理领域应用为数据库的传统应用。

事务处理具有的特性包括：数据处理、简单的数据结构、数据操作类型少和短事务性。

较为流行的三种事务处理应用：电子商务EC，企业资源规划ERP及客户关系管理CRM。

4. 非事务处理领域应用

（1）非事务处理领域应用需求

- 扩展的数据类型能力。
- 复杂的数据结构能力。
- 扩充的数据操纵能力。
- 长事务的特性。

（2）数据库的支撑

- 专用数据库　专用数据库是适应专门领域应用需求的数据库。
- 关系模型扩充。
- 面向对象模型。

（3）三种专用数据库

- 工程数据库　适应工程应用（CAD/CAM）领域的专用数据库。
  数据管理特点是：扩展数据类型、复杂数据结构、动态模式演化、版本管理及长事务。
- 多媒体数据库　适应多媒体应用领域的专用数据库。
  数据管理特点是：非结构化数据表示、扩充的操纵方式及扩充的数据约束能力。
- 空间数据库　适应GIS应用领域的专用数据库。
  数据管理特点是：扩充数据、复杂数据结构和扩充数据操纵。

5. 分析领域应用

（1）决策支持系统的三个层次

基础层（数据仓库）、分析层（OLAP、数据挖掘DM）和系统层（决策支持系统DSS）。

（2）数据仓库

- 数据仓库四大特点：面向主题、数据集成、数据不可更新、数据随时间不断变化。
- 数据仓库结构的四个层次：数据源层、数据抽取层、数据仓库管理层及数据集市层。

（3）分析层

1）OLAP。

- 概念模式：基本模式——星形模式与雪花模式
- 逻辑模式：多维数据结构——数据立方体与超立方体
- 物理模式：数据存储结构——ROLAP与MOLAP

2）数据挖掘。

6. 本节的重点内容

- 事务处理领域应用。
- 分析领域应用——数据仓库与OLAP。

第二篇 实 验 指 导

本篇以关系数据库管理系统 SQL Server 2000 为环境，通过详尽的实验、训练来培养学生对数据库的应用、设计、开发及开发维护的能力。

为了帮助学生加深对主教材内容的理解，本篇中会提供作者精心设计的多个实验，由浅入深，从细微的验证性实验入手，然后进行关系数据库的设计与维护，直至最后设计与开发完整的数据库应用程序，引导学生逐步掌握实际的数据库操作与应用的能力；使学生不仅了解数据库本身，而且清楚数据库与其他先修及后续课程的联系；不仅理解理论知识，而且能够熟练应用所学知识解决实际问题。

本篇在结构上与主教材的第二部分相对应。在内容上，知识准备部分列出了实验所涉及的相关理论，供学生预习以便于顺利完成实验；明确指出实验目的，而实验内容则以任务形式给出，强调理论与实践应用的结合和学生动手能力的培养与考察。

第 4 章 实 验 准 备

本章主要介绍数据库课程总体实验计划与要求，以及数据库管理系统 SQL Server 2000 的安装配置和常用工具的使用方法。

4.1 实验计划与要求

1. 实验目的

1）通过实验，加深对数据库课程的理解。

2）通过实验，学会设计数据库、管理数据库和应用数据库。

3）通过培养学生基本技能，增强实际操作与动手能力；提高分析问题与解决问题的能力。

2. 实验要求

数据库实验是对数据库的基本操作技能的培养，其具体要求是：

1）能建立数据库应用环境。

2）能完成数据模式定义、数据操纵（包括数据查询及增加、删除、修改操作）以及数据控制的基本操作。

3）能按数据库设计的基本流程，进行数据库的设计。

4）能设计简单的数据库应用程序。

3. 实验安排

数据库实验是数据库课程内容之一，在课程学时范围内进行，具体安排如表 4-1 所示。

表 4-1 实验安排表

序号	实验名称	每套仪器设备核定学生数（PC机）	时数	实验类型			
				演示	验证	综合	设计
1	实验准备	1	2	√			
2	数据定义	1	2				√
3	数据操纵	1	4				√
4	数据保护	1	2			√	
5	T-SQL 程序设计	1	4				√
6	数据库设计	1	4				√
7	C/S 结构方式与 ODBC 的接口	1	6				√
8	B/S 结构方式与 ADO 的接口	1	6				√

说明：

1）在所有实验结束后学生须提交实验总结报告。

2）所有实验须在教师指导下进行。

3）实验7和实验8，可以根据实验条件和学生具备的知识情况选做一个。

4. 建议

本课程结束后，安排两周的课程设计时间，以小组（2～3人）为单位完成自选或指定的数据库应用系统（可使用 C/S 结构或 B/S 结构），对本课程的内容全面理解，融会贯通，确保做到"学以致用"。

4.2 预备知识

4.2.1 SQL Server 2000 的环境需求

在安装 SQL Server 前，首先要检查当前硬件和软件的配置是否适当，并保证系统能正常运行。

1. SQL Server 2000 的硬件要求

SQL Server 2000 的硬件要求如表4-2 所示。

表 4-2 SQL Server 2000 的硬件要求

硬件	最低要求
CPU	Intel 及兼容机、Pentium166MHz 或更高
内存	企业版：最少64MB 标准版：最少64MB 个人版：在 Windows 2000 上最少64MB，其他操作系统上最少32MB 开发版：最少64MB
硬盘空间	完全安装：180MB 典型安装：170MB 最小安装：65MB Analysis Service：最少50MB，一般130MB English Query：80MB

建议：使用更多的内存，以提高 SQL Server 的性能。

2. SQL Server 2000 的软件要求

SQL Server 2000 存在多个版本，不同的版本需要有不同的操作系统支持，具体要求如表4-3所示。

表 4-3　SQL Server 2000 的不同版本对操作系统的要求

企业版	Windows NT Server Enterprise Edition 4.0 Windows 2000 Advanced Server 及更高版本
标准版	Windows NT Server Enterprise Edition 4.0 Windows NT Server 4.0 Windows 2000 Server 及更高版本
个人版	Windows 9x、Windows NT 4.0、Windows 2000 的服务器版或工作站版及 更高版本
开发版	Windows NT 4.0、Windows 2000 的服务器版或工作站版及更高版本

4.2.2　SQL Server 2000 的配置选项

1. 安装模式

仅客户端工具：只安装客户端软件。

服务器和客户端工具：安装服务器软件和客户端工具。

仅连接：只安装数据访问和网络数据库。

2. 命名实例和多实例

默认实例：由运行它的计算机的网络名称标识。

命名实例：通过计算机的网络名称和实例名称标识，格式为：计算机名称 \ 实例名称。

【提示】

● 新实例名必须符合以下规则：

1）必须以字母、符号（&）或下划线（_）开头；

2）由数字、字母或其他字符组成；

3）不得超过 16 个字符；

4）不能使用 SQL Server 系统名称和保留名称。

● 一台计算机上每次只能有一个版本作为默认实例运行。

● 一台计算机上可以安装多个实例，每个命名实例相对独立，应用程序可以连接任何实例。

3. 安装类型

典型安装：不安装 SQL 代码示例文件和部分开发工具。

最小安装：只安装 SQL Server 2000 运行所需要的基本选项。

自定义安装：可以选择组件或完全安装 SQL Server。

4. 服务账户

SQL Server 服务是 SQL Server 2000 的引擎，直接管理数据库。

本地系统账号：用户登录服务器时，不需要提供密码，该服务有权在本地服务器上操作，但不能和网络中的其他部分交互。

特殊账号：专门为服务创建的账号。

5. 身份验证模式

Windows 身份验证模式：检测当前使用的用户账号，确定是否有权限登录。

混合模式（Windows 身份验证和 SQL Server 身份验证）：允许以 SQL Server 验证方式或 Windows 验证方式进行连接，具体使用哪种方式，取决于通信中使用的网络库设置。

4.2.3 SQL Server 2000 的系统数据库

1. SQL Server 2000 系统数据库

SQL Server 2000 安装成功后，系统会自动创建 Master、Model、Msdb、Tempdb、Pubs 和 Northwind 共六个系统数据库，保存在安装目录下的 MSSQL 子目录的 DATA 文件夹中。

- Master：记录 SQL Server 系统的所有系统信息，包括登录信息、系统设置信息、SQL Server 初始化信息和其他数据库及用户数据库的相关信息。
- Model：所有用户数据库和 Tempdb 数据库的模板数据库，含有 Master 数据库的所有系统表子集。
- Msdb：代理服务数据库，为报警、任务调度和记录操作提供存储空间。
- Tempdb：临时数据库，为所有临时表、临时存储过程及其他临时操作提供存储空间。
- Pubs：实例数据库，存储一个虚构的图书出版公司的基本数据。
- Northwind：实例数据库，存储了一个虚构的进出口公司的销售数据。

2. SQL Server 2000 系统表（数据字典）

SQL Server 系统的系统信息存储于相关的系统表中，下面介绍几个最重要的系统表，详细信息读者可以查阅 SQL Server 的帮助文档。

- Sysobjects：SQL Server 的主系统表，每个数据库一个，存储数据库中的所有对象（数据库、基表、视图和索引等）的描述信息。
- Sysdatabases：只存在于 Master 数据库中，存储所有数据库（包括系统数据库和用户数据库）的相关信息。
- Syscolumns：存在于 Master 数据库和用户数据库中，存储基表/视图中的所有列或存储过程中的所有参数的描述信息，即数据结构数据。
- Sysusers：存在于 Master 数据库和用户数据库中，存储数据库的用户信息，即数据控制数据。
- Sysdepends：存在于 Master 数据库和用户数据库中，存储表、视图和存储过程之间的依赖关系，即数据操纵数据。

3. SQL Server 2000 系统存储过程

SQL Server 系统自动创建、存放在 Master 数据库中的存储过程，用于供用户查询系统表中的信息或完成一些特定的系统管理任务。其名称以 sp_ 或 xp_ 开头，可以在任何数据库中直接执行系统存储过程。下面介绍几个最重要的系统存储过程：

- sp_ configure：用于管理服务器的配置选项设置。
- sp_ stored_ procedures：用天返回当前数据库中存储过程的清单。
- sp_help：用于显示参数清单及其数据类型。
- sp_helptext：用于显示数据库对象的定义文本。
- sp_ depends：用于显示具有依赖关系的数据库对象列表。
- sp_ rename：用于对当前数据库中用户对象进行改名操作。

4.2.4   SQL Server 2000 的常用工具

1. SQL Server 服务管理器

SQL Server 服务管理器是服务器端实际工作时最有用的实用程序，用于启动、停止和暂停服务器上的服务。用户对数据库进行任何操作之前必须启动 SQL Server 服务器。

2. 企业管理器

企业管理器是用来对本地或远程服务器进行管理操作的公共服务器管理环境，用户和系统管理员可以在人机交互方式下完成对 SQL Server 2000 的各种管理，包括：

- 启动、终止和配置服务器
- 数据定义、数据操纵
- 数据备份、恢复、安全设置

3. 查询分析器

查询分析器提供一种可视化的界面，用于人机交互环境下设计、执行与测试 T-SQL 语句及脚本文件中的 SQL 语句，并能迅速查看这些语句的执行结果。

4. 服务器网络实用工具

服务器网络实用工具用于管理服务器网络库。

5. 客户端网络实用工具

客户端网络实用工具用于设置并管理服务器网络库。

6. 导入和导出数据工具

导入和导出数据工具用于启动数据交换服务，完成各种异构数据库的转换。

4.3 实验一 实验环境准备

4.3.1 知识准备

1. SQL Server 2000 的安装

SQL Server 2000 安装盘为简体中文 4 in 1（即具有四个版本：企业版、标准版、个人版和开发版），下面以安装 SQL Server 2000 企业版为例。整个安装过程是在安装向导下完成的，具体安装步骤如下：

1）将 SQL Server 2000 的安装盘放入光驱，运行光盘中的 AUTORUN. EXE 文件，系统出现安装启动画面，如图 4-1 所示。

图 4-1　安装启动画面

2）选择"安装 SQL Server 2000 简体中文企业版"选项，进入安装界面，如图 4-2 所示。

图 4-2   SQL Server 企业版的安装界面

3）选择"安装 SQL Server 2000 组件"选项，出现 SQL Server 2000"安装组件"对话框，如图 4-3 所示。

图 4-3   SQL Server 2000"安装组件"对话框

4）选择"安装数据库服务器"选项，出现"准备安装向导"窗口。准备安装向导完成后，弹出欢迎安装 SQL Server 2000 对话框，如图 4-4 所示。

5）单击"下一步"按钮，出现"计算机名"窗口，如图 4-5 所示。

6）单击"下一步"按钮，进入"安装选择"窗口，如图 4-6 所示。

7）单击"下一步"按钮，弹出"用户信息"设置窗口，如图 4-7 所示。

8）单击"下一步"按钮，弹出"软件许可证协议"窗口，如图 4-8 所示。

9）单击"是"按钮，进入"安装定义"窗口，如图 4-9 所示。

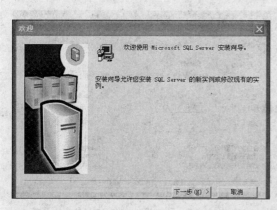

图 4-4 欢迎安装 SQL Server 2000 对话框

图 4-5 "计算机名"窗口

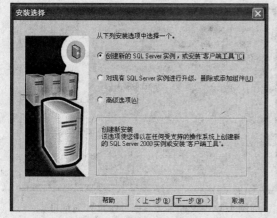

图 4-6 "安装选择"窗口

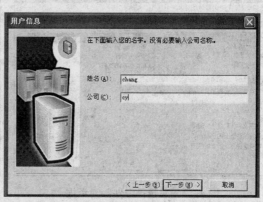

图 4-7 "用户信息"设置窗口

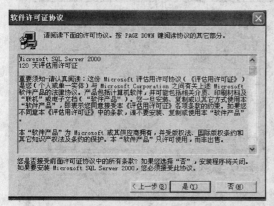

图 4-8 软件许可证协议

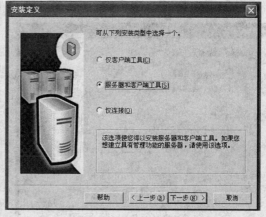

图 4-9 "安装定义"窗口

10）单击"下一步"按钮，弹出填写"实例名"窗口，如图 4-10 所示。

11）单击"下一步"按钮，进入"安装类型"选择窗口，如图 4-11 所示。

12）单击"下一步"按钮，进入"选择组件"对话框，如图 4-12 所示。

13）单击"下一步"按钮，出现设置启动服务账户对话框，如图 4-13 所示。

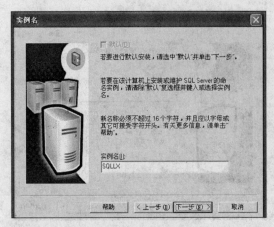

图4-10　填写实例名称

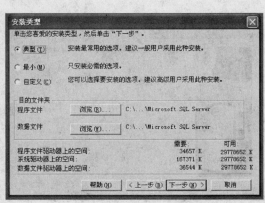

图4-11　"安装类型"选择窗口

图4-12　"选择组件"对话框

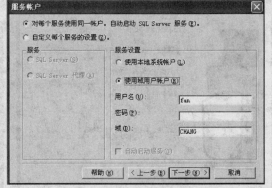

图4-13　设置启动"服务账户"对话框

14）单击"下一步"按钮，出现选择"身份验证模式"对话框，如图4-14所示。

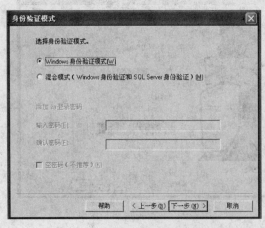

图4-14　"身份验证模式"对话框

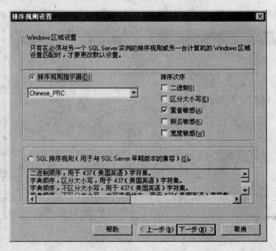

图4-15　"排序规则设置"对话框

15）选择后，单击"下一步"按钮，出现"排序规则设置"对话框，如图4-15所示。

16）设置后，单击"下一步"按钮，进入"网络库"配置窗口，如图4-16所示。

17）配置后，单击"下一步"按钮，准备开始复制文件，如图4-17所示。

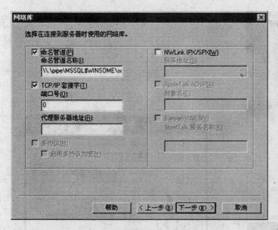

图 4-16 "网络库"配置窗口

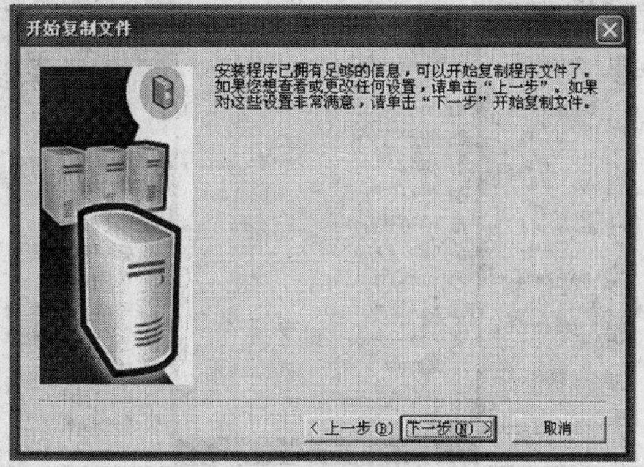

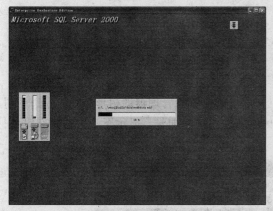

图 4-17 开始复制文件

18）单击"下一步"按钮，开始安装工作，并出现安装进度窗口，如图 4-18 所示。

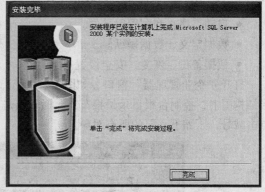

图 4-18 安装进度窗口

图 4-19 安装完毕

19）复制文件完成后，自动进行 SQL Server 的安装与系统设置工作，安装成功后，会出现"安装完毕"窗口，如图 4-19 所示。单击"完成"按钮后，结束 SQL Server 2000 企业版的安装过程。

2. SQL Server 2000 常用工具的使用

SQL Server 2000 常用工具的启动方法：单击"开始"按钮，依次选择"程序"｜"Microsoft SQL Server"，在得到的菜单选项中选择所需的工具后，系统就会打开相应的工具对话框。如图 4-20 所示。

（1）SQL Server 服务管理器

SQL Server 服务管理器是服务器端在实际工作时最有用的实用程序，用于启动、停止和暂停服务器上的服务。用户对数据库进行任何操作之前必须启动 SQL Server 服务器。

打开"SQL Server 服务管理器"对话框，如图 4-21 所示，可以对选择的服务器进行操作与设置，包括启动、停止和暂停以及是否随操作系统启动。

（2）企业管理器

企业管理器是用来对本地或远程服务器进行管理操作的公共服务器管理环境，用户和系统管理员可以在人机交互方式下完成对 SQL Server 2000 的各种管理，包括：

图 4-20 常用工具的进入方法

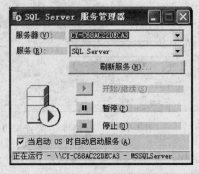

图 4-21 "SQL Server 服务管理器"对话框

- 启动、终止和配置服务器。
- 数据定义、数据操纵。
- 数据备份、恢复、安全设置。

打开"企业管理器"窗口，如图 4-22 所示，采用了类似资源管理器的树形结构，左边的树形结构图上，控制台根目录是根节点，通过点击树形结构图中的加号，显示下一层的所有对象；点击减号，压缩下一层的所有对象。

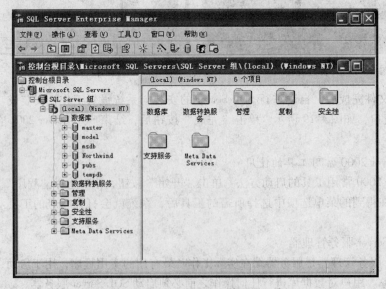

图 4-22 SQL Server "企业管理器"窗口

在系统安装完成后，系统默认提供了一个"SQL Server 组"的服务器组，安装成功的服务器就注册在该服务器组下。也可以根据需要，定义与"SQL Server 组"同层的新服务器组，在新服务器组中，对已存在的服务器（或再次安装 SQL Server 2000，创建一个新的服务器，名称为：机器名 \ 实例名）进行注册。实现在企业管理器中对多个注册服务器进行管理。

具体操作可以通过快捷菜单完成。

　　使用企业管理器查看数据字典的方法为：在企业管理器左侧的树形结构图中点击相关的数据库，如"教师授课管理数据库"，双击"表"选项，在右侧的列表中选择系统表 sysobjects，在右击得到的快捷菜单中选择"打开表"的"返回所有行"选项，如图 4-23 所示，则显示表 sysobjects 中的所有内容，如图 4-24 所示，在该表中，我们可以查看到数据库中的所有对象（数据库、基表、视图和索引等）的描述信息，每一个对象占一行。

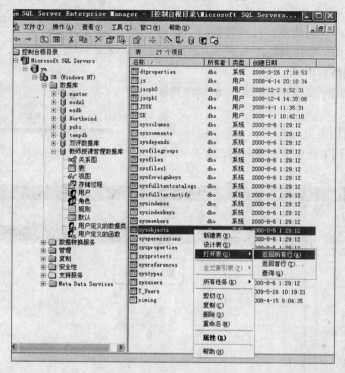

图 4-23　查看 sysobjects 表

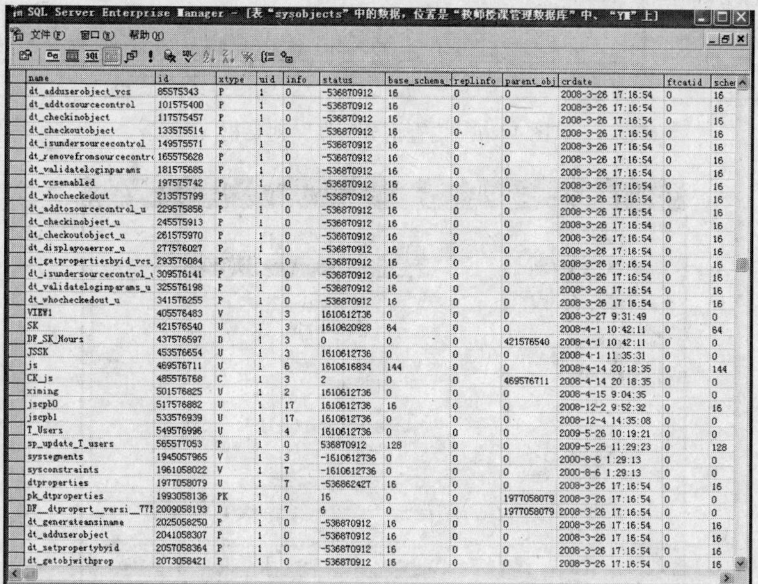

图 4-24　sysobjects 表的内容

（3）查询分析器

查询分析器提供一种可视化的界面，用于人机交互环境下设计、执行与测试 T-SQL 语句及脚本文件中的 SQL 语句，并能迅速查看这些语句的执行结果。

在打开查询分析器时，首先要设置与之相连接的数据库服务器，如图 4-25 所示，单击"确定"后，进入"查询分析器"对话框，如图 4-26 所示。

在查询分析器中，对数据进行操作前，必须在"数据库"列表框中选择要操作的数据库。

（4）服务器网络实用工具

服务器网络实用工具用于管理服务器网络库，如图 4-27 所示。

（5）客户端网络实用工具

客户端网络实用工具用于设置并管理服务器网络库，如图 4-28 所示。

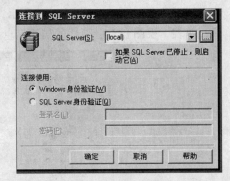

图 4-25 连接到 SQL Server

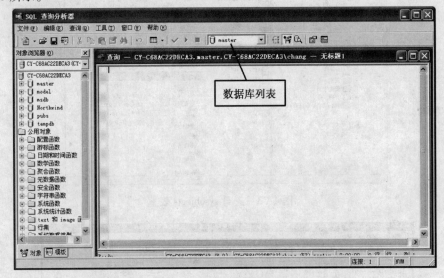

图 4-26 "查询分析器"对话框

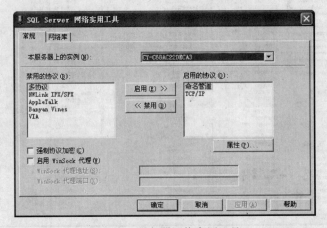

图 4-27 服务器网络实用工具

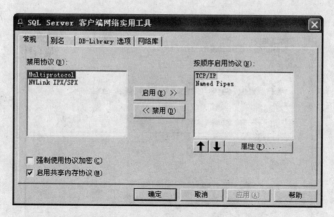

图 4-28 客户端网络实用工具

（6）导入和导出数据工具

导入和导出数据工具用于启动数据交换服务，完成各种异构数据库的转换，该工具采用 DTS 导入/出向导，利用该向导，可以实现 SQL Server 2000 与其他数据源之间的数据转换。

除了使用导入和导出数据工具启动 DTS 导入/出向导外，还可以在企业管理器中，通过右击服务器，在快捷菜单中选择"所有任务"菜单项下的"导入数据"或"导出数据"选项，启动相关向导。

3. 数据库开发工具 VC6.0 中文版的安装

VC6.0 中文版可以使用系统自带的安装程序来安装，也可以运行安装盘上的 setup. exe 文件安装。跟着安装向导，一步一步操作，即可完成整个安装过程。

4. ASP 环境的配置、网页制作工具的安装

（1）安装 Internet 信息服务（IIS）

1）在控制面板中，选择添加或删除程序后，单击"添加/删除 Windows 组件"选项，打开"Windows 组件向导"对话框，如图 4-29 所示。

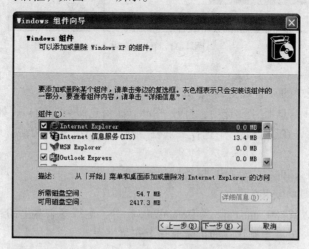

图 4-29 Windows 组件向导

2）选中"Internet 信息服务（IIS）"选项后，单击"下一步"按钮，系统开始配置组件，如图 4-30 所示。

【**注意**】在此过程中，需要为系统提供操作系统安装盘。

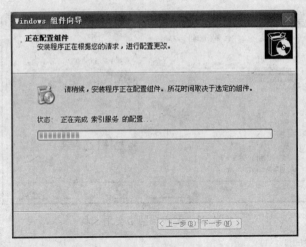

图 4-30　配置组件

3）配置成功后，弹出对话框，如图 4-31 所示。

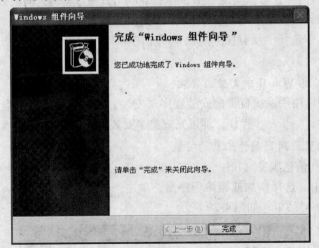

图 4-31　配置成功

（2）配置 ASP 环境

1）打开控制面板中的"管理工具"，如图 4-32 所示。

2）双击"Internet 信息服务"选项，打开"Internet 信息服务"窗口，如图 4-33 所示。

3）右击默认网站，在快捷菜单中选择"属性"选项，打开默认网站"属性"对话框，如图 4-34 所示。

4）对网站、主目录和文档选项卡进行设置。

（3）网页制作工具的安装

网页制作工具可以选择 Front Page 或 DreamWeaver 等，运行安装盘上的 setup.exe 文件进行安装。跟着安装向导，一步一步操作，即可完成整个安装过程。

4.3.2　实验内容与要求

1. 实验目的与要求

1）了解与掌握数据库开发平台。

2）学会数据库管理系统 SQL Server 2000 的安装，熟悉其基本的工具。

图 4-32   管理工具

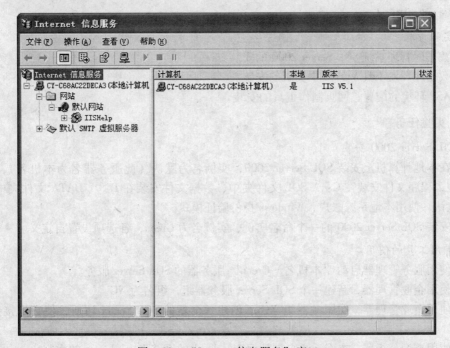

图 4-33   "Internet 信息服务"窗口

2. 实验内容

1) 数据库开发平台的选择与设置。

2) 数据库产品的安装。

3) 数据库应用软件开发工具的安装与配置。

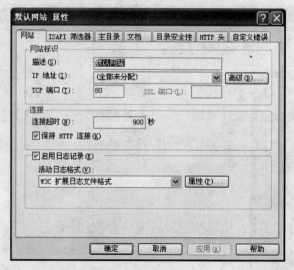

图 4-34　默认网站"属性"对话框

3. 实验准备

1）硬件。

2）SQL Server 2000。

3）VC6.0 中文版。

4）网页制作工具。

4. 实验步骤

1）数据库管理系统 SQL Server 2000 的安装。

2）数据库开发工具 VC6.0 中文版的安装。

3）ASP 环境的配置、网页制作工具的安装。

4.3.3　实验任务

1. SQL Server 2000 安装

1）在本地计算机上安装 SQL Server 2000，实例名为默认（此服务器名为本机名），安装类型为典型，程序文件安装在 C：\ SQL 文件夹中、数据文件安装在 D：\ DATA 文件夹中，安装组件为默认，使用本地系统账户，Windows 身份验证模式。

2）安装 SQL Server 2000 的一个命名实例，实例名为 Green，各选项设置自定义。

2. 常用工具的使用

1）使用服务管理器启动"本机名 \ Green"服务器的 SQL Server 服务。

2）使用企业管理器，新建一个 SQL Server 服务器组，组名为 NG。

3）使用企业管理器，在服务器组 NG 下创建一个新的 SQL Server 注册，使它连接到 Green 实例。

4）使用查询分析器，查看系统自带数据库 pubs 中的系统表 sysobjects 的内容。

【提示】使用企业管理器时，在控制台根目录下，选择要操作的对象，在弹出的快捷菜单中选择相应的菜单项。

5）卸载 SQL Server 2000 的命名实例 Green。

3. 安装 VC6.0

完成 VC6.0 的安装。

4. IIS 的安装与配置

学会 IIS 的安装与配置。

5. 安装网页制作工具

安装 Front Page 或 DreamWeaver。

思考与实践

1）数据库、数据库管理系统与数据库系统三者之间的关系。

2）SQL Server 2000 是什么类型的数据库管理系统，它具有哪些特色？

3）自学使用 SQL Server 2000 企业管理器和查询分析器及网页制作工具。

第 5 章 数据库操作

本章主要讲述如何使用 SQL Server 2000 创建和管理数据库及数据库中的各种对象（数据表、视图、索引、存储过程和触发器等），安全性管理、数据库的备份和恢复及数据转换。

5.1 实验二 数据定义

5.1.1 知识准备

关系数据库管理系统的数据定义是指为应用系统定义数据在数据库中的结构模式，包括：

1）为整个应用系统定义一个模式，在 SQL Server 2000 中为定义数据库，且与数据库的存储结构有关。

2）定义模式元素。

● 基表：基表是关系数据库管理系统中的基本结构。

● 视图：视图是建立在同一模式表上的虚拟表，它可由其他表导出，故又称导出表。

● 索引：在表或视图的基础上定义，确定索引的依据。

1. 数据库的存储结构

（1）数据库的逻辑结构

存储数据及所有与数据处理操作相关的信息。为用户所面对的数据库，即逻辑数据库。

（2）数据库的物理结构

数据库在物理介质上的存储形式，为物理数据库，由数据库文件和事务日志文件组成。

2. 数据库组成

（1）主数据库文件

存放数据库数据和数据库对象的文件，一个数据库可以由一个以上的数据库文件（.mdf）组成，其中一个文件为主数据库文件，存放数据库的启动信息、部分或全部数据以及指向其他数据库文件的指针。一个数据库文件只能属于一个数据库。

（2）辅助数据库文件

存放主数据库中未存储的其余数据和数据库对象，一个数据库可以有 0 个或多个辅助数据库文件（.ldf）。

（3）事务日志文件

存放数据库的更新情况等事务日志信息，一个数据库可以由一个以上的事务日志文件（.mdf）组成。

3. 数据库文件组

在 SQL Server 2000 中，可以对多个文件进行分组管理，以提高服务器的性能。数据库文件组可分为主文件组和用户自定义文件组。其中，主文件组包含主数据库文件和不属于其他文件组的文件；用户自定义文件组是在定义或修改数据时指定。文件只能属于一个文件组，一个文件组也只能被一个数据库使用；日志文件不能作为文件组的成员。

4. SQL Server 2000 数据类型

分为系统数据和用户自定义数据类型。

（1）系统数据类型

表 5-1　系统数据类型

类型	符号	数据类型	存储空间	备注
整型	INT SMALLINT	整数 短整数	4 字节 2 字节	
浮点型	REAL FLOAT DEC（m, n） NUMERIC（m, n）	实型 浮点数 十进制数 数值型	4 字节 8 字节 2 ~ 17 字节 2 ~ 17 字节	m 表示小数点前位数，n 表示小数点后位数 m 表示小数点前位数，n 表示小数点后位数
字符型	CHAR（n） VARCHAR（n） NCHAR	定长字符串 变长字符串 民族字符串		n 表示字符串位数 n 为最大变长数 2 字节为一个存储单位
位	BIT（n）	位串	n 为位串长度	
日期 时间	DATETIME SMALLDATETIME	日期时间 日期时间	8 字节 4 字节	
文本 图形	TEXT IMAGE	文本 图形		用于存储大容量文本数据 用于存储照片、目录图片或图画
特殊	TIMESTAMP	时间戳		
新增	BIGINT SQL_VARIANT TABLE	整数 表	8 字节	存储除文本、图形、时间戳以外的数据

（2）用户自定义类型

用户可以根据需要，在系统数据类型的基础上自行定义数据类型，定义时，需指定类型名、属于何种系统数据类型、长度、是否允许空值（NULL）、规则及默认值等。

5. 索引的分类

通过索引，可以提高数据检索的速度。

SQL Server 2000 的数据库中，按存储结构的不同，将索引分为两类：聚集索引和非聚集索引。

聚集索引：对表中的数据按指定的列排序后，重新存储到存储介质中。

非聚集索引：独立于表的物理存储结构，存储的内容为非聚集索引的键值及其所在行的位置。

6. SQL Server 2000 数据定义语句

（1）数据库的定义语句

【创建】Create Database 数据库名

　　　　　　　［ON 文件描述［, …n]]［, 文件组［, …n]]［LOG ON 文件描述［, …n]]

其中 ON 与 LOG ON 分别表示指定数据文件与日志文件，而文件描述可以表示如下：

```
［PRIMARY]
([NAME =逻辑文件名,]
FILENAME ='物理文件名'
［, SIZE =文件尺寸]
［, MAXSIZE ={文件最大尺寸 | UNLIMITED}]
［, FILEGROWTH =文件增长方式])［, …n]
```

其中 SIZE，MAXSIZE，FILEGROWTH 及 UNLIMITED 分别表示文件尺寸、文件最大尺寸、文

件增长方式及不限制，如文件增长方式可以设定为按 10% 方式增长。

而文件组可以表示如下：

Filegroup 文件组名 文件描述[，…n]

【修改】Alter Ddatabase 数据库名

{ Add File 文件描述[，…n][To Filegroup 文件组名]

| Add Logfile 文件描述[，…n]

| Remove File 逻辑文件名

| Add Filegroup 文件组名

| Remove Filegroup 文件组名

| Modify File 文件描述

| Modify Name＝新数据库名

| Modify Filegroup 文件组名 {文件组属性 | Name＝新文件组名}

【删除】Drop Database 数据库名[，…n]

（2）表的定义语句

【创建】Create Table[数据库名.[所有者.] | [所有者.]表名

({列定义 | 表约束(＝[Costraint 约束名]} | [{Primary Key | Unique][，…n])

其中：列定义为 {列名 数据类型}。

【修改】Alter Table 表名

Alter Column 列名 新数据类型 | Add | Drop | Rowguidcol}

【删除】Drop Table 表名

（3）视图的定义语句

【创建】Create View 数据库名.[所有者.]视图名[(列名[，…n])]

[With 视图属性[，…n]] As

Select 语句 [With Checkoption]

其中，视图属性可表示为

{ Encryption | Schemablinding | VIEW_METADATA }

【修改】Alter View 数据库名.[所有者.]视图名[(列名[，…n])]

[With 视图属性[，…n]] As

Select 语句 [With Checkoption]

【删除】Drop View { 视图名}[，…n]

（4）索引的定义语句

【创建】Create[Unique][Clustered][Nonclustered]Index 索引名

On {表名 | 视图名}(列名[Asc | Desc][，…n])

【删除】Drop Index 表名 | 视图名[，…n]

7. 定义数据库的方法

（1）用"企业管理器"创建数据库

方法有两种：

方法一：用向导创建数据库

先选中要创建数据库的服务器节点，然后从"工具"菜单中选择"向导"选项，或从工具栏中选择 📐 图标则出现如图 5-1 所示的"选择向导"对话框。

选择"注册数据库向导"选项，确定后，进入数据库创建阶段，可根据对话框的提示，逐步操作，完成数据库的创建工作。

方法二：使用"新建数据库"对话框创建数据库

1）在"企业管理器"的目录窗口中，选择任一数据库，右击得快捷菜单，从中选择"新建数据库"选项，或从工具栏中选择 ![图标] 图标，进入如图 5-2 所示的"数据库属性"对话框。

2）在"常规"选项卡中，输入数据库名称及排序规则名称。

3）在"数据文件"选项卡中，设置数据库文件名、存储位置、初始容量大小及所属文件组名称，如图 5-3 所示。

4）在"事务日志"选项卡中，设置事务日志文件信息，包括事务日志文件名、存储位置、初始大小、是否允许文件自动增长及增长方式、允许事务日志文件的最大尺寸，如图 5-4 所示。

5）单击"确定"按钮，完成数据库的创建工作。

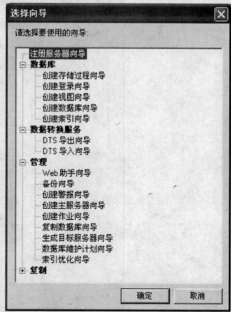

图 5-1　"选择向导"对话框

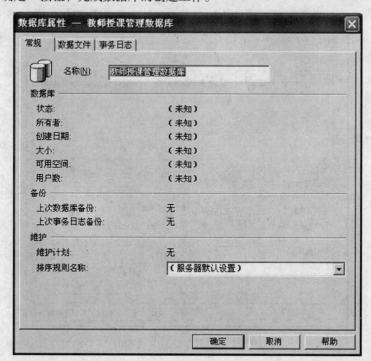

图 5-2　"数据库属性"对话框

（2）用"企业管理器"修改数据库的属性

在目录窗口中，选择"教师授课管理数据库"，右击得到快捷菜单，从中选择"属性"，打开"属性"对话框，如图 5-5 所示。

图 5-3　"数据文件"选项卡

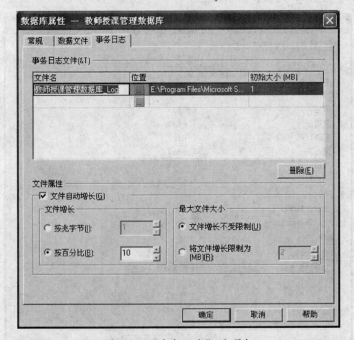

图 5-4　"事务日志"选项卡

1）在"常规"选项卡中，显示了该数据库的有关信息，如数据库的状态、所有者、创建日期等。

2）在"数据文件"选项卡中，可以重新指定数据库文件初始容量大小，修改数据库文件的属性，如是否允许文件自动增长及增长方式、允许文件的最大尺寸等，但对已有的数据库文件名及存放位置，不可修改；分配的空间大小可以增加。

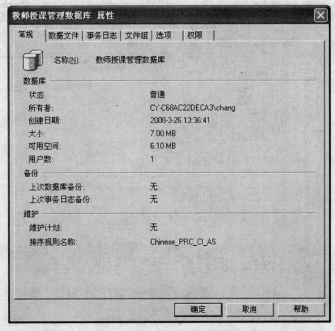

图 5-5　数据库"属性"对话框

3）在"事务日志"选项卡中，可以重新指定事务日志文件初始容量大小，修改事务日志文件的属性，如分配的空间大小、是否允许文件自动增长及增长方式、允许文件的最大尺寸等，但事务日志文件名及存放位置不可修改。

4）在"文件组"选项卡中，可以添加或删除文件组，但在删除时，必须先将该文件组中的文件移出。

5）在"选项"选项卡中，可以设置该数据库的其他属性，如访问限制、故障还原等。

6）在"权限"选项卡中，可以设置用户对该数据库的使用权限。

（3）用"企业管理器"删除数据库、对数据库更名

在表项目窗口中，选择数据库后，在其快捷菜单中，选择"删除"或"重命名"选项即可。

（4）用"查询分析器"创建数据库、修改数据库的属性、删除数据库

1）在"查询分析器"的"查询"窗口中，输入相应的数据库定义语句。

2）选择"查询"菜单中的"运行"选项后，结果如图 5-6 所示。

8. 表定义的方法

（1）用"企业管理器"新建表

在"企业管理器"的目录窗口中，选择"教师授课管理数据库"下的"表"选项，在右击得到的快捷菜单中选择"新建表"选项，或在"操作"菜单中选择"新建表"选项，打开新建表对话框，如图 5-7 所示。

在该对话框中，可以定义表的列及其属性，定义结束后，保存新建的表。

（2）查看实现以上操作的 SQL 脚本

在表项目窗口中，选择表后，在其快捷菜单中，选择"所有任务"中的"生成 SQL 脚本"选项，如图 5-8 所示，打开"生成 SQL 脚本"对话框，进行相关项的设置后，确定并指定 SQL 脚本文件存放的位置及文件名。

（3）用"企业管理器"修改表的结构

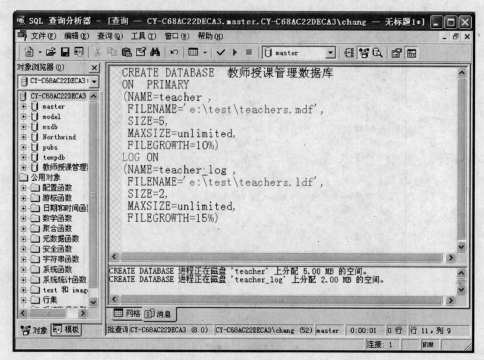

图 5-6 用 T-SQL 创建数据库

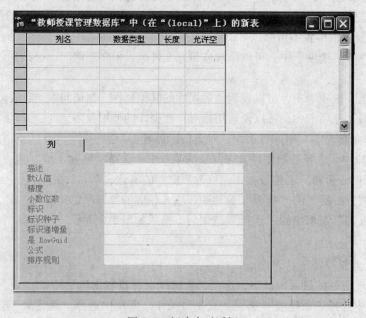

图 5-7 新建表对话框

在表项目窗口中，选择表后，在其快捷菜单中，选择"设计表"选项，打开"设计表"对话框，如图 5-9 所示。选择列，对其属性进行相关的修改。

（4）用"企业管理器"删除表、对表改名

在表项目窗口中，选择表后，在其快捷菜单中，选择"删除"或"重命名"选项。

（5）用"查询分析器"新建数据表、修改数据表的结构、删除表

在"查询分析器"的"查询窗口"中，输入相应的数据库定义语句，运行。

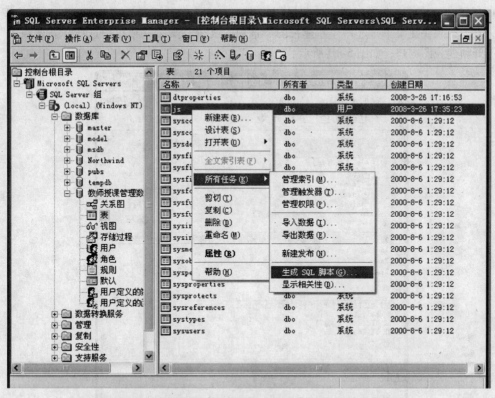

图 5-8　"生成 SQL 脚本"操作

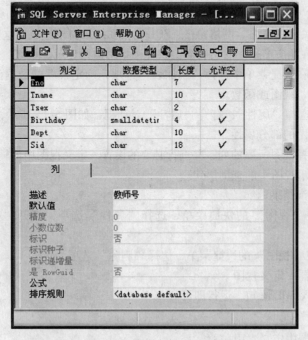

图 5-9　"设计表"对话框

9. 视图定义的方法

（1）在企业管理器中定义视图

1）新建视图。"企业管理器"的目录窗口中，选择"教师授课管理数据库"下的"视图"选项，右击得到快捷菜单，选择"新建视图"选项，或在"操作"菜单中选择"新建视图"选项，打开新建视图窗口，如图 5-10 所示。

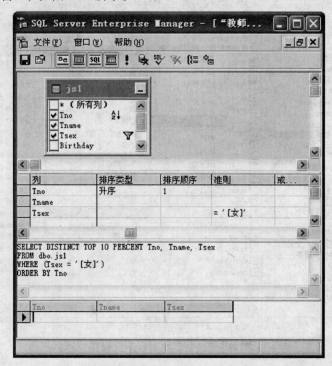

图 5-10　新建视图窗口

新建视图窗口由关系图窗格、网格窗格、SQL 窗格和结果窗格组成，这四个窗格均可使用工具栏中的相应工具或在相应窗格中右击得到的快捷菜单中进行显示、隐藏。

- 关系图窗格：在快捷菜单中选择"添加表"选项，确定视图的数据源。可作为视图的数据源的有基表、视图或函数。

  在快捷菜单中选择"属性"，打开"属性"对话框，如图 5-11 所示，在"属性"对话框中可以设置视图的部分属性。

- 网格窗格：选择视图所要的列，并进行必要的设置，定义视图中的输出项及限制条件。

- SQL 窗格：显示视图中的查询语句。

- 结果窗格：查询结果。

2）查看视图。在"视图"的快捷菜单，选择"属性"选项，打开"查看属性"对话框，如图 5-12 所示。

3）删除视图。在"视图"的快捷菜单，选择"删除"选项。

（2）在查询分析器中定义视图

在查询窗口中输入 SQL 语句，运行即可。

10. 索引的定义

（1）在企业管理器中定义索引

在"教师授课管理数据库"的表项目窗口中，选择要定义索引的表，在右击得到的快捷菜单中，选择"管理索引"选项，打开"管理索引"对话框，如图 5-13 所示。

在"管理索引"对话框中，可以通过单击"新建"、"编辑"和"删除"按钮，打开相应的

图 5-11 视图的"属性"对话框

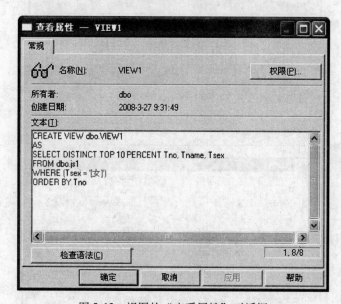

图 5-12 视图的"查看属性"对话框

对话框,进行新建、修改和删除的操作,其中"新建索引"对话框如图 5-14 所示。

(2)在查询分析器中定义索引

在查询窗口中输入 SQL 语句,运行即可。

5.1.2　实验内容与要求

1. 实验目的与要求

1)掌握使用企业管理器进行数据定义的方法。

2)掌握使用查询分析器进行数据定义的方法。

2. 实验内容

1)数据库的定义。

2)表和视图的定义。

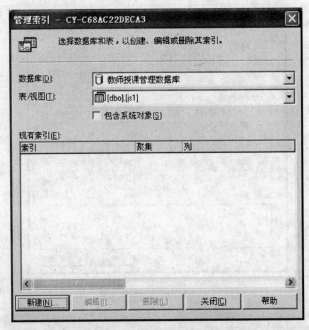

图 5-13　"管理索引"对话框

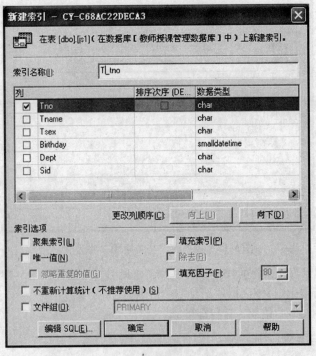

图 5-14　"新建索引"对话框

3）索引的定义。

3. 实验步骤

1）创建和使用数据库。

2）创建和使用表、视图。

3）索引。

5.1.3 实验任务

1. 创建和使用数据库

1）用"企业管理器"创建符合如下条件的数据库：

- 数据库的名字为"教师授课管理数据库"；
- 数据文件的逻辑文件名为"Teachers"，物理文件名为"Teachers. mdf"，存放在 E：\ 自己的学号 \ Test 目录下（若 E:中无此目录，可先建此目录，再创建数据库）；
- 文件的初始大小为 5MB；
- 增长方式为自动增长，每次增加 1MB；
- 日志文件的逻辑文件名字为"Teachers_log"，物理文件名为"Teachers. ldf"，也存放在 E：\ 自己的学号 \ Test 目录下；
- 日志文件的初始大小为 2MB；
- 日志文件增长方式为自动增长，每次增加 15% 。

2）用"查询分析器"创建一个"教师授课管理数据库 1"数据库，具体要求同 1）。

3）修改"教师授课管理数据库 1"的属性，要求如下：

- 文件的初始大小为 10MB；
- 增长方式为自动增长，每次增加 2MB；
- 日志文件的初始大小为 5MB；
- 日志文件增长方式为自动增长，每次增加 20% 。

4）删除"教师授课管理数据库 1"数据库。

2. 创建和使用表、视图

1）用"企业管理器"在"教师授课管理数据库"中创建如下的三张表，并输入记录内容：

教师表（JS）

列名	说明	数据类型
Tno	教师号	字符串，长度为 7
Tname	姓名	字符串，长度为 10
Tsex	性别	字符串，长度为 2
Birthday	出生日期	小日期时间型
Dept	所在部门	字符串，长度为 20
Sid	身份证号	字符串，长度为 18

JS

Tno	Tname	Tsex	Birthday	Dept	Sid
T001	刘薇	女	1971-3-20	电信	551021197103203121
T002	张骐劲	男	1963-7-13	数理	32010119630713318X
T003	李子文	女	1973-9-15	外语	461031197309153829
T004	江海防	女	1960-2-18	社科	560102196002185623
T005	李铁	男	1977-10-11	数理	230103197710118632
T006	吴天一	男	1962-4-23	电信	320104196204237516
T007	赵志华	男	1968-8-27	社科	321102196808277214
T008	钱进	男	1980-7-10	电信	570102198007103452
T009	孙星南	女	1981-3-2	外语	110102198103024125

课程表（Course）

列名	说明	数据类型
Cno	课程号	字符串，长度为10
Cname	课程名	字符串，长度为20
Credit	学分	短整型
property	课程性质	字符串，长度为10
Hours	授课时数	整数

Course

Cno	Cname	Credit	property
01010101	大学英语1	4	考试
01010102	普通物理1	4	考试
01010103	高等数学1	6	考试
01010104	形势政策	2	考查
01010105	计算机基础	4	考查

授课表（SK）

列名	说明	数据类型
Tno	教师号	字符串，长度为7
Cno	课程号	字符串，长度为10
Hours	授课时数	整数

SK

Tno	Cno	Hours
T001	01010105	64
T002	01010102	64
T009	01010101	64
T004	01010104	32
T005	01010103	96
T006	01010105	64
T003	01010101	64

2）用"企业管理器"实现如下操作：

- 在授课表中添加一个授课类别，列名为 Type，类型为 CHAR（4）；
- 将授课表中的 Hours 的类型改为 SMALLINT；
- 删除课程表的 Hours 列。

3）使用查询分析器，完成以下功能：

- 定义表 Student，其中字段有：Sno CHAR（10）、Sname CHAR（8）、Brithday DATE、Age NUMERIC（3,0）、Sex CHAR（2）、Bplace CHAR（20）、Polity CHAR（20）。要求 Sno 和 Sname 不为空，Sno 为主键；
- 在教师表 JS 中增加住址列，字段名为 Addr，类型为 CHAR，长度50；
- 根据 Student 表，建立一个只包含学号、姓名、年龄的女学生表，表名为 GIRL；
- 建立一成绩表，表名为 Score，其中字段有：Sno CHAR（10），Cno CHAR（10），Score NUMERIC（6，0），并输入部分记录，内容自定。

4）用企业管理器定义视图 view_part，从表 Student 和 Score 中选择部分字段和记录，且学生名为"张三"（注意：为保证有结果，在表 Student 中要有"张三"的信息，同时表 Score 中也要有与"张三"相关的信息）。

5）用查询分析器定义视图 view_part1，从表 Student 和 Score 中选择部分字段和记录，且学生名为"张三"。

6）删除视图 view_part1。

3. 定义索引

1）用企业管理器完成以下操作：

- 在"教师授课管理数据库"中新建一个数据表，名为 js1，结构与 js 表相同。为 js1 表创建一个唯一聚集索引，索引字段为 Sid，索引名为 I_js_sid；
- 为"教师授课管理数据库"中的 course 数据表创建一个复合索引，索引名为 I_cource_xf，使用 Cno 和 Credit 字段。

2）删除 1）中创建的索引 I_js_sid 和 I_cource_xf。

3）用查询分析器完成 1）的操作。

思考与实践

1）分别用"企业管理器"和"查询分析器"创建"图书借阅数据库"，此数据库包含一个数据文件和一个日志文件。数据文件的逻辑文件名为"tsjy"，物理文件名为"tsjydb. mdf"，初始大小为 20MB，日志文件的逻辑文件名字为"tsrz"，物理文件名为"tsrz. ldf"，大小为 6MB，均存放在 E：\ 自己的学号 \ Test 目录下。

2）分别用"企业管理器"和"查询分析器"修改"图书借阅数据库"，相关参数自行确定。

3）在"图书借阅数据库"中创建以下四个表，并分别为这四个表写入部分数据，内容自定（提醒：注意各表数据之间的相关性）。

借书人表（JS）

列名	说明	数据类型	键
Jsno	借书证号	字符串，长度为 6	*
Jname	姓名	字符串，长度为 10	
Jdw	单位	字符串，长度为 20	

图书表（TS）

列名	说明	数据类型	键
Tsno	书号	字符串，长度为 15	*
Tname	书名	字符串，长度为 20	
Tnum	数量	短整型	
Tpos	位置	字符串，长度为 30	
Cno	出版社号	字符串，长度为 4	

出版社表（CBS）

列名	说明	数据类型	键
Cno	出版社号	字符串，长度为 4	*
Cname	出版社名	字符串，长度为 20	
Ctel	电话	字符串，长度为 12	
Cyb	邮编	字符串，长度为 6	
Caddr	地址	字符串，长度为 40	

借阅表（JY）

列名	说明	数据类型	键
Jsno	借书证号	字符串，长度为 6	*
Tsno	书号	字符串，长度为 15	*
Jydate	借书日期	日期时间	
Hdate	还书日期	日期时间	

4）在"图书借阅数据库"中创建一个视图 Ts_view，要求输出图书的相关信息，包括：书号、书名、出版社名、数量。

5）在"图书借阅数据库"中创建一个视图 Jy_view，要求输出图书的相关信息，包括：借书证号、姓名、书名、出版社名、借书日期和还书日期。

6）为"图书借阅数据库"中的四个表分别建立相关索引。

5.2 实验三 数据操纵

5.2.1 知识准备

数据操纵是对数据库中的数据进行操作，包括数据查询和数据更新（插入、修改和删除）。

1. SQL Server 2000 数据操纵语句

（1）查询语句

```
Select[Distinct][Top n [Percent]]列名[As 列标识][，列名[As 列标识]]
Into 新表名
From 基表名[，基表名]
Where 逻辑条件
Group By 分组项
Having 分组条件
Order By 排序依据
```

其中，列标识为查询结果（新表）中的列名；列名部分也可以是表达式；列名必须全部在分组项中出现。

（2）插入语句

• 插入一条记录到指定的表

```
Insert
Into    表名[列名[，列名]…]
Values ( 常量[常量]…)
```

• 将某个查询结果插入到指定表

```
Insert
Into    表名[列名[，列名]…]
```

子查询语句

（3）修改语句

```
Update 表名
Set 列名 = 表达式[，列名 = 表达式]…
Where 逻辑条件
```

（4）删除语句

```
Delete
```

```
From 基表名
Where 逻辑条件
```

2. 聚集函数

为了增强查询能力，方便用户使用，SOL Server 2000 提供了多种聚集函数，用于汇总统计。

常用的聚集函数有：计数函数 COUNT、最大值函数 MAX、最小值函数 MIN、求和函数 SUM、求平均值函数 AVG。

3. 表与表之间的连接

一个数据库的多个表之间一般都存在着某种内部联系，因此用户可以从不同表中同时查询到相关的信息。当一个查询同时涉及两个及两个以上的表时，称为连接查询。连接查询是关系数据库中最主要的查询。

可以通过三种方法建立多表之间的连接：

1）在 From 中列出所有表，在 Where 中通过逻辑条件将多个表连接起来；

2）使用连接短语；

3）使用嵌套查询。

4. 连接短语

连接短语用于 From 子句的后面，表示为：

`[Inner | Left | Right | Full]Join 表名 On 连接条件表达式`

其中 [Inner | Left | Right | Full] 为连接方式：Inner 为内连接，也称为自然连接，是将两表中满足条件的记录组合在一起；Left 为左连接，是将左表的所有记录与右表的每一条打记录进行自然连接，同时显示左表中所有记录，右侧用 NULL 值匹配；Right 为右连接，是将右表的所有记录与左表的每一条打记录进行自然连接，同时显示右表中所有记录，左侧用 NULL 值匹配；Full 是全连接，是将右表中的所有记录与左表中每一条记录进行自然连接，同时显示两表中的所有记录。默认为 Inner。

5. 嵌套查询

在 SQL 语言中，一个 Select-From-Where 语句为一个查询块。在一个查询的 Where 子句或 Having 短语条件中包含另一个查询块（又称为子查询）时，该查询为嵌套查询。

嵌套查询表示为：（子查询）。

子查询即为一个查询语句，在子查询中不能有 Order By 子句，且跟在比较运算符或谓词之后。

（1）带比较运算符的子查询

父查询与子查询之间通过比较运算符（如 >、> =、<、< =、=、< >）进行连接。

（2）带谓词的子查询

通过谓词将一个表达式的值与子查询返回的一列值进行比较，将子查询与父查询进行连接。

常用的谓词有：包含谓词（IN、NOT IN）、存在谓词（EXITS、NOT EXITS）、所有谓词（ANY、ALL）。

包含谓词（IN、NOT IN）用于判断表达式的值是否在子查询结果中。使用方法如下：

包含列属性的表达式 IN | NOT IN（子查询）

存在谓词（EXITS、NOT EXITS）用于判断子查询是否有结果为空。使用方法如下：

EXITS | NOT EXITS（子查询）

且子查询的 SELECT 列表一般用 * 表示。

部分谓词（ANY、ALL）用于判断表达式的值与子查询结果的关系，该谓词必须同时使用比较运算符。使用方法如下：

包含列属性的表达式 比较运算符 ANY | ALL（子查询）

6. 用企业管理器实现查询操作实例

对"教师授课管理数据库"JS 表中数据进行查询操作，查询有授课任务的教师号、姓名及其所授课的课程号，查询结果按成绩号降序排列，成绩相同的则按学号升序排列，并保存到 JSSK 表中。

操作步骤如下：

1）在"教师授课管理数据库"的表项目中，选择要操作的表 JS，在右击得到的快捷菜单中，选择"打开表"中的"查询"菜单项，打开查询窗口，如图 5-15 所示。

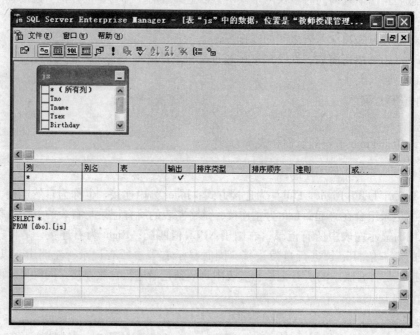

图 5-15   查询窗口

查询窗口与新建视图窗口类似，由关系图窗格、网格窗格、SQL 窗格和结果窗格组成，这四个窗格均可使用工具栏中的相应工具或在相应窗格中右击得到的快捷菜单中进行显示、隐藏。

2）在关系图窗格的快捷菜单中选择"添加表"选项，将 SK 表添加到关系图窗格中。

3）在关系图窗格中，将 JS 表中的 Tno 列拖放到 SK 表的 Tno 列上，建立 JS 表与 SK 表的自然连接。

4）在关系图窗格中的 JS 表和 SK 表中选择输出项，或在网格窗格中选择输出项。

5）在网格窗格中对输出项进行设置，包括列的别名、排序类型等。

6）在关系图窗格或网格窗格的快捷菜单中，选择"更改类型"中的"生成表"选项，在"生成表"对话框（如图 5-16 所示）中输入表名后，点击确定按钮。

图 5-16   "生成表"对话框

图 5-17   信息提示框

7）点击工具栏中的"运行"按钮，查询结果自动送到 JSSK 表中。系统给出相应的查询结果提示信息，如图 5-17 所示。

以上操作结果如图 5-18 所示。

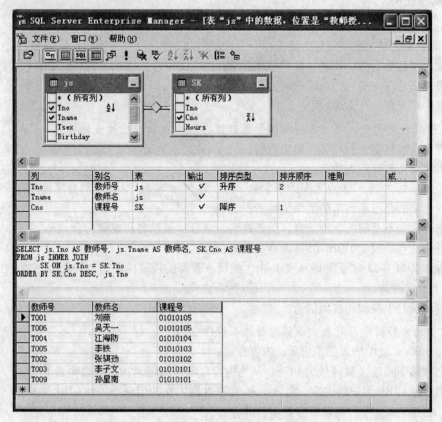

图 5-18　查询操作

说明：

- 选择"更改类型"选项中的"选择"选项，运行结果将在结果窗格给出。
- 选择"更改类型"选项中的"插入源"选项，指定待插入的表，运行结果将插入到指定表中。
- 所做的查询操作对应的 SQL 语句将显示在 SQL 窗格中。

7. 用查询分析器实现数据操纵

在"查询分析器"的"查询窗口"中，输入相应的 SQL 语句，运行即可。

5.2.2　实验内容与要求

1. 实验目的与要求

1）掌握使用企业管理器对数据库中数据进行操作的方法。

2）掌握使用查询分析器对数据库中数据进行操作的方法。

2. 实验内容

1）数据查询。

2）数据更新。

3. 实验步骤

1）在企业管理器中，对表中数据进行查询操作。

2）在查询分析器中，对表中数据进行查询操作。

3）在查询分析器中，对表中数据进行插入、修改和删除操作。

5.2.3　实验任务

1. 在企业管理器中，对"教师授课管理数据库"表中数据进行查询操作

查询前十名的学生成绩信息，要求：

1）输出项包括学号、姓名、课程号和成绩；

2）按成绩号降序排列，成绩相同的则按学号升序排列；

3）查询结果保存在 XSCJ 表中。

2. 在查询分析器中，对"教师授课管理数据库"表中数据进行查询操作

1）查询所有男学生的姓名、出生日期；

2）查询男女教师的人数；

3）找出年龄在 20～23 岁之间的学生的学号、姓名和年龄，并按年龄升序排序；

4）找出年龄超过平均年龄的学生姓名；

5）查询成绩不及格的学生信息，包括姓名、学号、课程名和成绩；

6）查询所有讲授"01010105"课程的教师信息；

7）查询1971 年以前（含1971 年）出生的所有教师的授课信息，包括教师姓名、出生日期、所授课程名、学时数；

8）查询所有未授课的教师信息。

3. 在查询分析器中，对表中数据进行插入操作

1）向 Student 表中插入几条记录，内容自定；

2）把教师李映雪（教师号为 1476，其他内容自定）的记录加入到教师表 JS 中；

3）删除原 GIRL 表中的内容，将 Student 表中性别为女的记录添加到 GIRL 表中。

4. 在查询分析器中，对表中数据进行修改操作

1）把所有学生的年龄增加一岁；

2）将所有选修某一指定课程的学生成绩增加 5 分；

3）将某个学生的所有成绩置 0。

5. 在查询分析器中，对表中数据进行删除操作

1）从教师表 JS 中删除年龄已到 60 岁的退休教师的数据；

2）将学生表 Student 中的某个学生删除，并删除其他表中与该学生相关的信息。

思考与实践

对"图书借阅数据库"中的 JS、TS、CBS、JY 表进行以下操作：

1）查询数量在五本以上的图书信息。

2）查询图书总量。

3）查询图书总量在前五名的出版社信息。

4）查询所有"清华大学出版社"的图书信息。

5）查询所有还书日期已到（假设图书借阅期限为 1 个月），但仍未还书的借书人信息。

6）查询某借书人的所有借阅信息。

7）根据图书表 TS，建立一个书名中包含有"数据库"的新表 DB。

8）将某借书人借某书的还书日期设置为当前系统日期。

9）查询本月内借书的所有借书人相关信息，包括借书证号、姓名、单位、书名、借书日

期，并将查询结果放到 lend 表中。

10）查询各借书人的借阅量，要求得到：借书证号、姓名、借书量。

11）列出所有有借阅记录的借书人信息（不能重复）。

12）将某指定图书（给定图书号）的数量减少 2 本。

13）用当前系统日期修改某本书（给定书号）的借书日期。

14）将某书的信息添加到图书表 TS 中。

15）删除某一借书人及其相关信息。

5.3　实验四　数据保护

5.3.1　知识准备

1. SQL Server 2000 的数据控制

（1）安全控制

- 身份标识：设置登录身份验证模式，用于验证用户是否具有连接 SQL Server 的权限。
- 自主访问控制：规定用户的操作权限，通过授权实现。

（2）完整性控制

- 域约束：限制数据表中字段的数据。
- 表约束：限制表记录中的数据和表之间的数据。
- 断言：限制多表中字段的数据。

2. SQL Server 登录账户

与 SQL Server 2000 的登录身份验证模式相对应，有两类登录账户：Windows 用户账户和 SQL Server 账户。

- Windows 用户账户：只能通过已授予的 Windows 用户身份连接 SQL Server。
- SQL Server 账户：连接 SQL Server 时，必须提供用户名和密码。SQL Server 账户必须使用 Windows 系统管理员账号，在"新建登录"对话框中设置。

每一个登录账户有三种类型："windows 用户"账户、"windows 组"账户和"标准"账户。

在 SQL Server 2000 安装后，自动建立了一个系统管理员（sa）账户，该账户为超级账户，不可以也无法删除，它拥有 SQL Server 2000 中的所有权限。

3. 服务器角色

根据 SQL Server 的管理任务及其重要等级，把具有 SQL Server 管理职能的用户划分为不同的用户组即服务器角色，并对每个用户组内置好所具有的管理 SQL Server 的权限。

SQL Server 提供的固定服务角色有：

- 系统管理员（sysadmin）：拥有所有权限。
- 服务器管理员（serveradmin）：配置服务器范围的设置。
- 磁盘管理员（diskadmin）：管理磁盘文件。
- 进程管理员（processadmin）：管理运行在 SQL Server 中的进程。
- 安全管理员（securityadmin）：管理服务器的登录。
- 安装管理员（setupadmin）：建立数据库复制、管理扩展的存储过程。
- 数据库创建者（dbadmin）：创建、更改数据库。
- 大容量插入操作管理者（sysadmin）：执行大容量插入操作。

4. 数据库用户

由管理员为数据库使用者建立的用户账户，为服务器登录账户到数据库的映射。

SQL Server 中，每个数据库都有两个默认的用户：dbo 和 guest。

- dbo：数据库的拥有者，系统将 sysadmin 服务器角色的成员自动设为 dbo。
- guest：没有自己的用户账户的登录账户。

5. 数据库角色

为某一用户或某一组用户授予不同级别的管理或访问数据库及数据库对象的权限。分为两类：固定的数据库角色和用户自定义的数据库角色。

固定的数据库角色包括：

- public：拥有对数据库管理、操作的全部权限。
- db_owner：可对所拥有的数据库进行任何操作。
- db_accessadmin：可增加、删除数据库用户、工作组和角色。
- db_addladmin：可增加、删除、修改数据库中的对象。
- db_secutityadmin：管理角色、角色成员；管理对象和语句权限。
- db_backupoperator：可备份、恢复数据库。
- db_datareader：仅能进行 SELECT 操作，读取数据库表中的信息。
- db_datawriter：能增加、删除、修改表中数据，但不能进行 SELECT 操作。
- db_denydatareader：不能读取数据库表中的信息。
- db_denydatawriter：不能对数据库表进行增加、删除、修改操作。

其中，public 是一个特殊的数据库角色，数据库中每个用户都是 public 角色中的成员，每个数据库都包含 public 角色。

6. 权限

权限是指用户对数据库对象可以执行的操作，分为三类：对象权限、语句权限和预定义权限。

- 对象权限与用户的对象操作相对应，对象操作是对表、视图、列、存储过程等对象的使用性操作，包括 select、insert、update、delete、execute 和 reference。用户若要对某一对象进行操作，必须具有相应的操作权限。
- 语句权限与用户的语句操作相对应，语句操作是对象的创建性操作，包括：创建（撤销）数据库、表、视图、表字段默认值（规则）、存储过程；备份数据库、事务日志文件。只有 sysadmin、db_owner 和 db_securityadmin 角色的成员才能授予语句权限。
- 预定义权限是系统为特殊的用户设定的权限，不能明确地赋予和撤销。

权限管理是对权限的授予、拒绝和撤销。

7. 用企业管理器设置 SQL Server 登录账户、权限、角色

（1）设置登录账户

在企业管理器的控制台根目录下，展开服务器下的"安全性"分支，选择"登录"选项，可以查看到当前服务器的所有登录账户信息，如图 5-19 所示。

1）新建登录账户 首先，通过系统的控制面板中的用户账户，添加一个 windows 账户，然后再在 SQL Server 中建立登录账户。

右击"登录"选项，在快捷菜单中选择"新建登录"选项，打开"新建登录"对话框，如图 5-20 所示。

在对话框的"常规"选项卡中，通过选择不同的身份验证方式，新建 Windows 身份验证登录账户或 SQL Server 身份验证登录账户，并设置默认的数据库和语言。

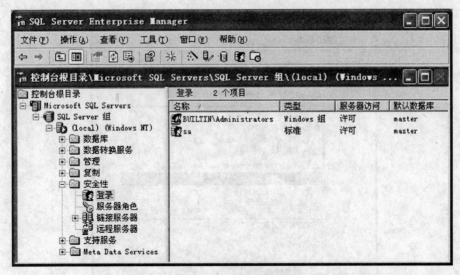

图 5-19 "登录"窗口

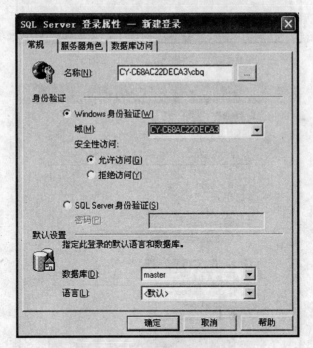

图 5-20 "新建登录"对话框

在对话框的"服务器角色"选项卡中，为该账户配置角色，使该账户具有相应的安全特权，如图 5-21 所示。

在对话框的"数据库访问"选项卡中，设置允许该账户访问的数据库及访问数据库的权限，如图 5-22 所示。

2）修改登录账户属性　在登录的项目窗口中，选择登录账户后，在快捷菜单中选择"属性"选项，在"登录属性"对话框中进行修改账户的相关属性，如图 5-23 所示。

3）删除登录账户　在登录的项目窗口中，选择登录账户后，在快捷菜单中选择"删除"选项。

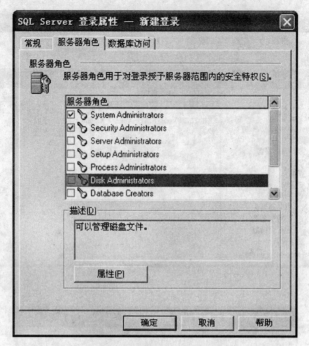

图 5-21 "服务器角色"选项卡

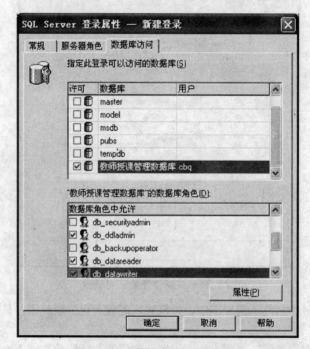

图 5-22 "数据库访问"选项卡

（2）设置数据库用户

在企业管理器的控制台根目录下，展开服务器下要操作的数据库，选择"用户"选项，可以查看到当前数据库的所有用户。

1）添加数据库用户 右击"用户"选项，在快捷菜单中选择"新建数据库用户"选项，打开"新建用户"对话框，如图 5-24 所示，在此对话框中，设置数据库用户及其所属的角色。

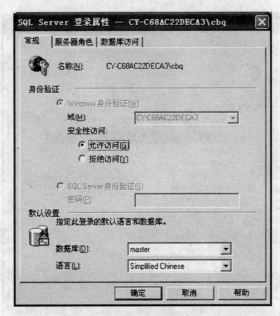

图 5-23 "登录属性"对话框

图 5-24 "新建用户"对话框

2）删除数据库用户 在用户的项目窗口中，选择数据库用户后，在快捷菜单中选择"删除"选项即可。

（3）为不同用户设置不同的权限

在用户的项目窗口中，选择数据库用户后，在快捷菜单中选择"属性"选项，打开"数据库用户属性"对话框，如图 5-25 所示。

在"数据库用户属性"对话框中，点击"权限"按钮，打开"数据库用户授权"对话框，如图 5-26 所示。

通过此对话框，可以为数据库用户授予权限，规定该用户对指定数据库中的对象可以进行

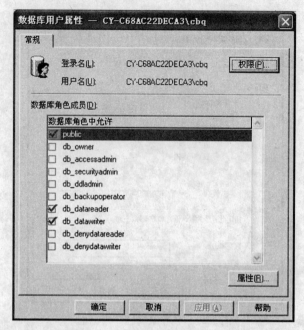

图 5-25　"数据库用户属性"对话框

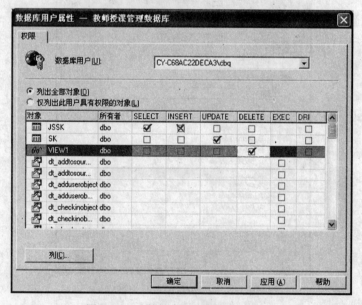

图 5-26　"数据库用户授权"对话框

的操作。打 ☑ 表示授予权限；打 ☒ 表示拒绝权限；没有标志的则为未授予或回收权限。

8. 用查询分析管理器设置 SQL Server 登录账户、权限

（1）建立、修改、删除登录账户

1）建立登录账户。

● 建立 SQL Server 身份验证登录账户：

```
EXEC sp_addlogin 用户名，密码，默认数据库
```

　　说明：用户名，密码，默认数据库均为字符串。

- 建立 Windows 身份验证登录账户：

  EXEC sp_grantlogin 用户账户名

  说明： 用户账户名的形式只能是"计算机名（或域名）\ 用户名（或组名）"。

2）修改登录账户属性。

- 修改账户密码：

  EXEC sp_password 原密码，新密码，用户名

- 默认数据库：

  EXEC sp_defaultdb 用户名，默认数据库

- 默认语言：

  EXEC sp_defaultlanguage 用户名，语言

3）删除登录账户。

- 删除 SQL Server 身份验证登录账户：

  EXEC sp_droplogin 用户名

- 删除 Windows 身份验证登录账户：

  EXEC sp_revokelogin 用户账户名

（2）设置数据库用户

1）添加数据库用户：

  EXEC sp_grantdbaccess 用户账户名，数据库用户名

2）删除数据库用户：

  EXEC sp_revokedbaccess 数据库用户名

（3）为不同用户设置不同的权限

1）授予权限：

  Grant 权限名 On 对象名 To 用户

2）拒绝权限：

  Deny 权限名 On 对象名 To 用户

3）回收权限：

  Revoke 权限名 On 对象名 To 用户

9. 完整性约束

SQL Server 2000 中，完整性约束设置分域约束和表约束两个层次。

- 域约束是对表列的约束，是行定义的一部分，只能应用在一列上。包括规则方式、检查约束、默认设置、唯一性约束、非空约束。
- 表约束可应用于一个表的多列上。包括主键约束、外键约束。

（1）在企业管理器中设置完整性约束

在企业管理器的控制台根目录下，展开服务器下的"数据库"分支，选择要设置完整性约束的表所在数据库下的"表"选项，在表项目窗口中选择要设置完整性约束的表，右击该表，

在快捷菜单中选择"设计表"选项，打开"设计表"对话框，如图 5-9 所示。

在"设计表"对话框中，可以完成默认值和非空约束的设置；

选择对话框工具栏中的 🔑 按钮，可以完成主键约束的设置；

选择对话框工具栏中的 ⛓ 🗟 🖩 按钮中的任意一个，即可打开"属性"对话框，如图 5-27 所示。在"属性"对话框的"关系"、"索引/键"和"CHECK 约束"选项卡中，可以完成外键约束、唯一约束和检查约束的设置。

【注意】在设置列级完整性约束时，必须先选择列，后进行设置。

（2）在查询分析器中设置完整性约束

有两种方法完成完整性约束设置，一种是在定义表的同时完成完整性约束设置，方法是：在相关列后添加相应短语或在最后增加相应的子句；另一种是对表进行修改，为表增加完整性约束。

1）检查约束。

设置教师表 JS 中的性别 Tsex 的取值为"男"、"女"。设置方法为：创建 JS 表时，在列定义的后面加上

```
Constraint 约束名 Check(Tsex in('男', '女'))
```

2）默认设置。

设置课程表 Course 的课程性质 Property 的默认值为"必修"。设置方法为：创建 Course 表时，在定义 Property 列的后面添加

```
Default'必修'
```

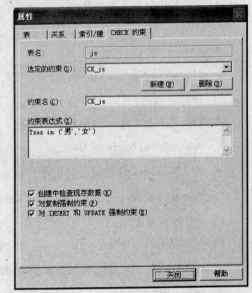

图 5-27   "属性"对话框

3）唯一性约束。

设置教师表 JS 中的身份证号 Sid 不重（值唯一）。设置方法为：创建 JS 表时，在列定义完后，加上

```
Constraint 约束名 Unique(sid)
```

或在定义 Sid 列的后面添加 UNIQUE。

4）非空约束。

设置教师表 JS 中的姓名 Tname 非空。设置方法为：创建 JS 表时，在定义 Tname 列的后面添加

```
NOT NULL
```

5）主键约束。

设置教师表 JS 中的 Tno 为主键。设置方法为：创建 JS 表时，在列定义完后，加上

```
Constraint 约束名 Primary Key(Tno)
```

或在定义 Tno 列的后面添加

```
Primary Key
```

6）外键约束。

设置授课表 SK 中的教师号 Tno 为主键，引用教师表 JS 的外码；课程号 Cno 为主键，引用课

程表 course 的外码。

```
Create Table SK
(Tno char(7) NOT NULL Primary Key,
  Cno char(10) NOT NULL Primary Key,
  Hours int,
  Constraint chk_Hours Check(Hours>0),
Constraint con_js Foreign Key (Tno) References JS(Tno),
Constraint con_course Foreign Key (Cno) References course(Cno)
)
```

10. 备份设备

用来存储数据库、事务日志或文件和文件组备份的存储介质。

备份设备的创建方法：

在企业管理器的控制台根目录下，展开服务器下的"管理"分支，选择"备份"选项，在右击快捷菜单中选择"新建备份设备"选项，打开"备份设备属性"对话框，如图 5-28 所示。

其中文件名 abc 为自定义的备份设备名，并将其映射成磁盘文件"F：\ abc. BAK"。

图 5-28　"备份设备属性"对话框

11. 数据库备份

SQL Server 2000 中，数据库备份即对数据库或事务日志进行复制。此操作只能由系统管理员、数据库所有者和数据库备份执行者完成。有四种备份方式：完全数据库备份、差异备份、事务日志备份、数据库文件和文件组备份。

对数据库进行备份的方法为：在企业管理器的控制台根目录下，展开服务器下的"数据库"分支，选择要备份的数据库，在右击快捷菜单中选择"所有任务"中的"备份数据库"选项，打开"SQL Server 备份"对话框，如图 5-29 所示。

在"SQL Server 备份"对话框，可以选择不同的备份方式，对数据库进行备份。

12. 数据库恢复

将数据库备份加载到系统中的过程。在进行数据库恢复前，要限制用户对该数据库进行其他操作。数据库恢复过程与数据库的备份方式有关。

利用差异备份恢复数据库时，先恢复最近一次的完全数据库备份，再恢复差异备份。

利用事务日志备份恢复数据库时，首先恢复最近一次的完全数据库备份，其次恢复最近一次的差异备份，最后顺序恢复每次事务日志备份。

对数据库进行恢复的方法为：在企业管理器的控制台根目录下，展开服务器下的"数据

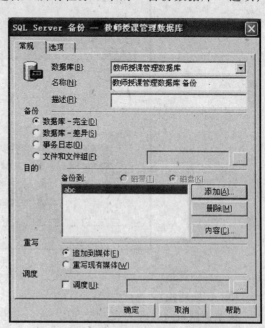

图 5-29　"SQL Server 备份"对话框

库"分支，选择要还原的数据库，右击（或直接右击"数据库"），在快捷菜单中选择"所有任务"中的"还原数据库"选项，打开"还原数据库"对话框，如图5-30所示。

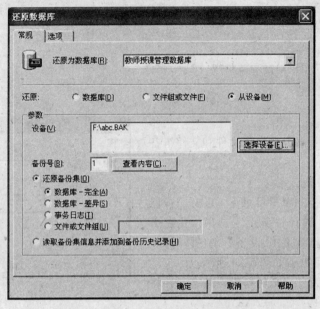

图 5-30   "还原数据库"对话框

在"还原数据库"对话框的"常规"选项卡中设置备份的数据库、还原方式等；在"还原数据库"对话框的"选项"选项卡中设置数据库还原的位置、恢复的状态等，如图5-31所示。

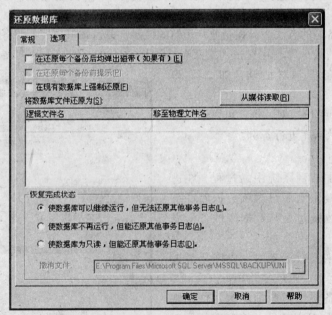

图 5-31   还原数据库选项

13. 数据转换

其他数据系统处理的数据与 SQL Server 2000 数据库之间的相互转换。由数据的导入和导出两部分组成。

可利用"数据转换服务（DTS）导入导出向导"完成数据转换工作。

（1）"数据转换服务（DTS）导入导出向导"的启动

在企业管理器的控制台根目录下，展开服务器下的"数据库"分支，选择要转换的数据库，右击（或直接右击"数据库"），在快捷菜单中选择"所有任务"中的"导入数据"或"导出数据"选项，启动"数据转换服务（DTS）导入导出向导"。

（2）将 SQL Server 数据库表导出到 Excel 表

1）选择数据源。在"选择数据源"对话框（如图 5-32 所示）中，设置数据源为"用于 SQL Server 的 Microsoft OLE DB 提供程序"；设置数据库所在的服务器；选择提供数据的数据库。

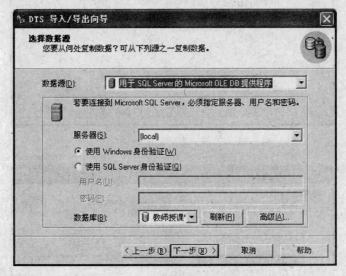

图 5-32　"选择数据源"对话框

2）选择目的地。在"选择目的"对话框（如图 5-33 所示）中，设置目的为"Microsoft Excel 97-2000"；设置 Excel 文件名。

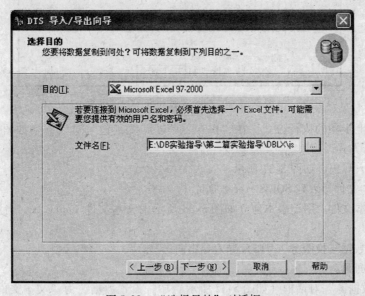

图 5-33　"选择目的"对话框

3）选择要复制的对象。在"指定表复制或查询"对话框（如图 5-34 所示）中，选择数据复制方式；在"选择源表和视图"对话框（如图 5-35 所示）中，选择要复制的对象。

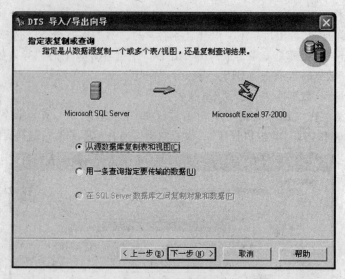

图 5-34   "指定表复制或查询"对话框

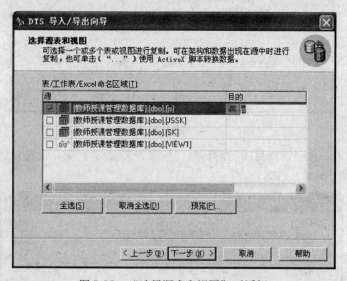

图 5-35   "选择源表和视图"对话框

4）设置以上步骤的执行方式。在"保存、调度和复制包"对话框（如图 5-36 所示）中，设定保存与执行方式。

5）完成导入导出，如图 5-37 所示。

（3）将文本文件导入到 SQL Server 数据库中

1）准备文本文件。用记事本建立如图 5-38 所示的文本文件 ximing. txt，各列数据之间用逗号分隔。

2）启动"数据转换服务（DTS）导入导出向导"。

3）选择数据源。

在"选择数据源"对话框（如图 5-32 所示）中，设置数据源为"文本文件"，并指定文本文件名。

在"选择文件格式"对话框（如图 5-39 所示）中，设置文本文件的类型。

在"指定列分隔符"对话框（如图 5-40 所示）中，设置文本文件中列的分隔符。

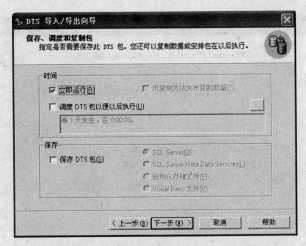

图 5-36　"保存、调度和复制包"对话框

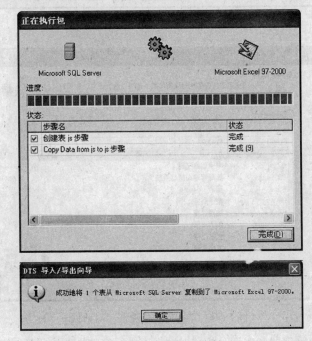

图 5-37　完成导入导出

4) 选择目的地。在"选择目的"对话框（如图 5-33 所示）中，设置目的为"用于 SQL Server 的 Microsoft OLE DB 提供程序"；设置数据库所在的服务器；选择接收数据的数据库。

5) 选择要复制的对象。

6) 设置以上步骤的执行方式。

7) 完成导入导出。

5.3.2　实验内容与要求

1. 实验目的与要求

1) 了解 SQL Server 2000 的安全控制机制。

图 5-38　准备文本文件

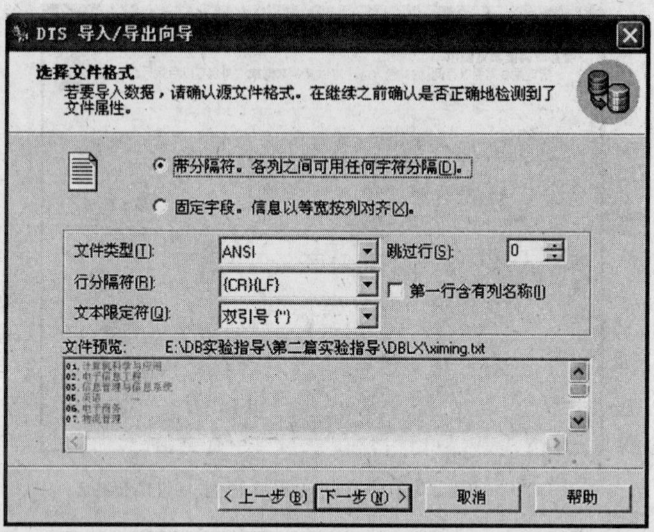

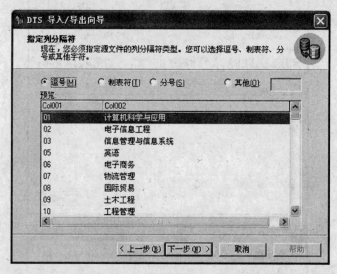

图 5-39   "选择文件格式"对话框

图 5-40   "指定列分隔符"对话框

2）掌握使用企业管理器和查询分析器对数据库进行完整性约束设置。

3）掌握数据库备份与恢复、异构数据系统与 SQL Server 之间数据转换的方法。

2. 实验内容

1）用企业管理器和查询分析器完成 SQL Server 登录账户、权限、角色的设置。

2）用企业管理器和查询分析器对数据库进行完整性约束设置。

3）完成数据库的备份与恢复。

4）使用向导完成异构数据系统与 SQL Server 之间数据转换。

3. 实验步骤

1）SQL Server 登录账户、权限、角色的设置。

2）数据库的完整性约束设置。

3）数据库的备份与恢复。

4）异构数据系统与 SQL Server 之间数据转换。

5.3.3　实验任务

1. SQL Server 访问权限的设置

1）用企业管理器设置两个 SQL Server 登录账户 user1、user2，并为他们分配适当的角色和权限。

- 添加 SQL Server 登录账户 user1、user2；
- 修改 SQL Server 登录账户 user1 的默认数据库为"教师授课管理数据库"、账户密码为"newpwd"；
- 拒绝登录账户 user1 连接到 SQL Server；
- 恢复登录账户 user1 连接到 SQL Server；
- 将 SQL Server 登录账户 user1 加入 sysadmin 角色、user2 加入 dbcreator 角色；
- 将 SQL Server 登录账户 user2 从 dbcreator 角色中删除；
- 在"教师授课管理数据库"中添加数据库用户 jsadmin，其登录账户登录为 user2；
- 授予用户 jsadmin 对教师表 JS 的 SELECT、UPDATE 的权限。

2）通过对数据库和相关表的操作，验证各用户的操作权限。

3）回收所有用户的权限。

4）删除所有用户。

5）用查询分析器进行 1）～4）的操作。

2. 设置 SQL Server 数据库的完整性

1）用企业管理器对"教师授课管理数据库"中的教师表 JS、课程表 Course 和授课表 SK 进行完整性约束设置，具体要求如下：

教师表（JS）

列名	说明	约束
Tno	教师号	主键
Tname	姓名	非空
Tsex	性别	取值为"男"、"女"
Birthday	出生日期	允许空
Dept	所在部门	允许空
Sid	身份证号	不重

课程表（Course）

列名	说明	约束
Cno	课程号	主键
Cname	课程名	非空
Credit	学分	大于0
Property	课程性质	默认值为"必修"

授课表（SK）

列名	说明	约束
Tno	教师号	主键，引用教师表 JS 的外码
Cno	课程号	主键，引用课程表 Course 的外码
Hours	授课时数	大于0

2）验证完整性约束的效果。

- 在 JS 表中，插入记录，分别使其中的 Tname 的值为 NULL、Tsex 的值为"男"或"女"以外的字符、Birthday 和 Dept 的值为 NULL、Sid 为表中已存在的一个值，观察 SQL Server 给出的提示信息。

- 在 Course 表中增加一条空白记录，再增加一条有值的记录（各字段的值均符合约束条件），观察 SQL Server 给出的提示信息。

- 在 SK 表中增加两条记录，一条记录中的 Tno 和 Cno 的值均在 JS 表、Course 表中，且 Hours 的值大于 0；另一条记录不符合前面的要求。观察 SQL Server 给出的提示信息。

3）删除以上的完整性约束设置。

4）用查询分析器完成完整性约束设置，具体工作要求同 1），并进行验证。

3. 备份与恢复 SQL Server 数据库

1）创建一个备份设备 Backup1，并将其映射成磁盘文件"E：\ Backup1. BAK"。

2）对"教师授课管理数据库"进行备份，备份方式为完全备份，备份到备份设备 Backup1 中。

3）在"教师授课管理数据库"中新建立一个表 mytable，并增加两条记录，结构和内容自行确定。

4）对数据库进行恢复：将备份设备 Backup1 中的备份强制还原到现有"教师授课管理数据库"中。

5）检查、比较恢复前后的数据库内容，特别是观察恢复后的数据库中 mytable 表是否还存在。

4. SQL Server 数据转换

1）将"教师授课管理数据库"中的教师表（JS）、课程表（Course）和授课表（SK）导出到文件名为 js_kc. xls 的 EXCEL 文件中，并查看文件 js_kc. xls 各工作表的内容。

2）将文本文件导入到 SQL Server 数据库中：

- 准备文本文件：用记事本建立通信录的文本文件 connect. txt，共分三列：姓名、联系电话、家庭住址，各列数据之间用逗号分隔。内容如下：

```
张明, 11111111, 江苏镇江
王新立, 22222222, 江苏南京
刘月兰, 33333333, 江苏常州
```

- 使用"数据转换服务（DTS）导入导出向导"，将 connect. txt 导入到"教师授课管理数据库"表 conn 中。

- 在"教师授课管理数据库"中查看 conn 表的内容。

思考与实践

1）为"图书借阅数据库"设置用户，并为他们设置适当的权限。

2）在企业管理器中对"图书借阅数据库"中的 JS、TS、CBS、JY 表设置完整性约束。

借书人表（JS）

列名	说明	数据类型	约束
Jsno	借书证号	字符串，长度为 6	主键
Jname	姓名	字符串，长度为 10	非空
Jdw	单位	字符串，长度为 20	

图书表（TS）

.列名	说明	数据类型	约束
Tsno	书号	字符串，长度为 15	主键
Tname	书名	字符串，长度为 20	非空
Tnum	数量	短整型	>00
Tpos	位置	字符串，长度为 30	
Cno	出版社号	字符串，长度为 4	主键，引用出版社表 CBS 的外码

出版社表（CBS）

列名	说明	数据类型	约束
Cno	出版社号	字符串，长度为 4	主键
Cname	出版社名	字符串，长度为 20	非空
Ctel	电话	字符串，长度为 12	
Cyb	邮编	字符串，长度为 6	由数字组成
Caddr	地址	字符串，长度为 40	

借阅表（JY）

列名	说明	数据类型	约束
Jsno	借书证号	字符串，长度为 6	主键，引用借书人表 JS 的外码
Tsno	书号	字符串，长度为 15	主键，引用图书表 TS 的外码
Jydate	借书日期	日期时间	借书日期≤还书日期
Hdate	还书日期	日期时间	

3）将"图书借阅数据库"进行备份和恢复：

- 备份方式为完全备份；
- 备份方式为差异备份。

4）建立一个 EXCEL 表，内容自定，将该 EXCEL 表导入到"图书借阅数据库"中。

5）将"图书借阅数据库"中的图书表（TS）导出到 ACCESS 的 ts. mdb 中。

5.4 实验五 T-SQL 程序设计

5.4.1 知识准备

1. 批处理与执行计划

T-SQL 程序可以由若干批处理组合而成，各批处理之间用 GO 语句分隔；一个批处理是由多条 T-SQL 语句组成的语句组，是从应用程序一次性发送到 SQL Server 服务器执行的。

执行计划为一个可执行单元，由批处理编译而成。

2. 注释

SQL Server 2000 中有两种注释方法：

1）单行注释：用"--"开始，到行结束。

2）多行注释：用"/*"开始，到"*/"结束。

3. 变量

SQL Server 2000 允许使用全局变量和局部变量。

（1）全局变量

以@@开始，由系统定义和维护，用于记录 SQL Server 2000 的运行状态和有关信息。

常用的全局变量有：

@@CURSOR_ROWS：返回本次连接最后打开的游标中当前存在的合格行数。

@@ERROR：返回最后执行的 T-SQL 语句的错误代码，0 表示未出错。

@@FETCH_STAUS：返回最近一次 FETCH 语句的状态值。

@@ROWCOUNT：返回上一次语句影响的数据行的行数，0 表示不返回记录或操作不成功。

（2）局部变量

以@开始，由用户定义，作用范围为定义所在的批处理中。

定义格式：Declare @ 变量名 数据类型

局部变量不能定义为 text、ntext 或 image 数据类型。定义后，系统设置其初始值为 NULL，用户可以通过 SET 命令或 SELECT 命令重新设置局部变量的值；使用 SELECT 命令返回局部变量值。

设置局部变量：

```
Set @ 变量名 =表达式
Select @ 变量名 1 =表达式，[@ 变量名 2 =表达式，…]
```

返回局部变量：

```
Select @ 变量名 As 字符串 --将变量的值显示在字符串(列标题)的下方
```

4. 运算符

SQL Server 2000 中运算符主要有六类：算术运算符、赋值运算符、位运算符、比较运算符、逻辑运算符和字符串连接运算符。

（1）算术运算符

用于完成数学运算。包括：

- 加（+）、减（-）、乘（*）、除（/）：计算对象的数据类型为数值型。
- 取模（%）：计算对象的数据类型为 ints、mallint 和 tinyint。

（2）赋值运算符

赋值号（=）：将数据值指派给特定对象；用于 SELECT 命令中，在列标题与列对应值表达式之间建立对应关系。

（3）位运算符

包括按位与（&）、按位或（|）、按位异或（^）和求反（~）：操作对象为整型或二进制数据（image 数据类型除外）；按位与（&）、按位或（|）、按位异或（^）的两个操作数不能同时为二进制数据。

（4）比较运算符

等于（=）、大于（>）、大于等于（>=）、小于（<）、小于等于（<=）、不等于（<>或!=）、不小于（!<）、不大于（!>）：比较对象的类型为除 text、ntext 或 image 类型以外的数据类型；结果值为 TRUE（比较结果为真）、FALSE（比较结果为假）以及 UNKNOWN。

（5）逻辑运算符

用于连接比较表达式，包括：非（NOT）、与（AND）和或（OR）：结果值为 TRUE 或 FALSE。

（6）字符串连接运算符

连接符（+）：将多个字符串依次连接成一个字符串。

（7）运算符的优先级

由高到低依次为：括号（ ）→乘（ ＊）、除（／）、取模（％）→加（＋）、减（－）→比较（＝、＞、＞＝、＜、＜＝、＜＞或！＝、﹗＜、﹗＞）→非（NOT）→与（AND）→或（OR）。

5. 函数

常用的内置函数有：

（1）字符串函数

LTRIM( )、RTRIM( )、SUBSTRING( )、LEFT( )、RIGHT( )、SPACE( )

（2）日期和时间函数

GETDATE( )、YEAR( )、MONTH( )、DAY( )

（3）数学函数

ABS( )、RAND( )、SIGN( )、SQRT( )、EXP( )、LOG( )

（4）查询聚集函数

COUNT( )、SUM( )、AVG( )、MAX( )、MIN( )

（5）转换函数

CAST( )

6. 流程控制语句

（1）Begin …End 语句

将多条语句组合成一条语句

（2）If…Else 语句（单分支语句）

```
If 条件
  语句 1
Else
  语句 2
```

执行过程：如果条件成立，则执行语句 1；否则，当有 Else 子句时，执行语句 2；没有 Else 子句则不执行操作。

（3）Case 语句（多分支语句）

格式 1：

```
Case
  When 条件 1 Then 结果表达式 1
  When 条件 2 Then 结果表达式 2
  …
  Else 结果表达式 n + 1
End
```

执行过程：依次比较 When 后的条件，返回成立的条件所在行的 Then 后的表达式的值，如果没有成立条件，则返回 Else 后的表达式值。

格式 2：

```
Case 表达式
  When 可能值 1 Then 结果表达式 1
  When 可能值 2 Then 结果表达式 2
  …
  Else 结果表达式 n + 1
End
```

执行过程：先计算 Case 后的表达式，依次与 When 后的表达式值比较，返回等值所在行的

Then 后的表达式的值，如果没有，则返回 Else 后的表达式值。

（4）While…Continue…Break 语句

```
While 条件
Begin
  语句 1
  Break
  语句 2
  Continue
  语句 3
END
```

执行过程：当条件成立时，执行循环体，当执行到 Break 时，循环终止；执行到 Continue 时，回到 While，进入下一次循环；条件不成立时，结束循环。

（5）Waitfor 语句

格式 1：

```
Waitfor Delay '时间间隔'
```

等过了设定的时间间隔，再继续执行。

格式 2：

```
Waitfor Time '某一时间'
```

等到了设定的时间，再继续执行。时间间隔和某一时间的形式均为：时：分：秒。

（6）Return 语句

```
Return 整型表达式
```

返回整型表达式的值。一般用于自定义函数中。

7. 游标

关系数据库管理系统实质是面向集合数据的，而应用程序则是面向行数据的，游标把作为面向集合的数据库管理系统和面向行的程序设计两者联系起来，使两个数据处理方式能够进行沟通。游标允许应用程序对查询语句 Select 返回的行结果集中每一行进行相同或不同的操作；它还提供对基于游标位置而对表中数据进行删除或更新的能力。

使用游标的基本步骤：声明游标、打开游标、提取数据、关闭游标和释放游标。

（1）声明游标

像使用其他类型的变量一样，使用一个游标之前，首先应当声明它。游标的声明包括两个部分：游标的名称、该游标所用到的 SQL 语句。

```
Declare 游标名 Cursor For SQL 语句
```

（2）打开游标

声明了游标后在作其他操作之前，必须打开它。打开游标是执行与其相关的一段 SQL 语句。

```
Open 游标名
```

（3）提取数据

当用 Open 语句打开了游标并在数据库中执行了查询后，并不能立即利用在查询结果集中的数据。必须用 Fetch 语句来取得数据。

```
Fetch [First | Last | Prior | Next] From 游标名 Into 目标变量名 1, …
```

[First | Last | Prior | Next] 用于说明提取数据的位置，含义依次为第一行、最后一行、当前

行的上一行和当前行的下一行。

一条 Fetch 语句一次可以将一条记录的内容放入到指定的变量中。事实上，Fetch 语句是游标使用的核心。

（4）关闭游标

在游标操作的完成后，要关闭游标。

```
Close 游标名
```

（5）释放游标

删除游标与游标名之间的关联，使系统释放游标所占用的任何资源。

```
Deallocate 游标名
```

（6）游标状态变量

常用的状态变量有：

- @@FETCH_STATUS：返回 FETCH 语句执行后的状态，0 表示为成功；-1 表示为失败；-2 表示提取的行不存在。
- @@CURSOR_ROWS：返回最后打开的游标中当前存在的行数，0 表示没有打开游标或没有符合的行。

8. 自定义函数

创建有返回值的自定义函数的格式：

```
Create Funtion 函数名
(形式参数名 As 数据类型，…)
RETURN 返回数据类型
Begin
    函数体
    Return 表达式
End
```

调用方法：

```
变量＝用户名.函数名(实参表)
```

9. 存储过程

存储过程是指保存在数据库中的，由 SQL Server 2000 服务器调用的，实现某一特定功能的代码段。

SQL Server 2000 中的存储过程有两类：系统存储过程和用户自定义的存储过程。系统存储过程是由系统自动创建的，主要存储在 master 数据库中，一般以 Sp_ 为前缀，通过系统存储过程可以从系统表中获取信息；用户自定义存储过程是由用户为完成某一特定功能而创建的。

（1）常用系统存储过程

Sp_depends 对象名：查看指定对象的相关数据库对象。

Sp_helptext 对象名：显示指定对象的正文信息。

Sp_help 对象名：显示指定对象的参数。

Sp_rename 原对象名新对象名：对原对象更名。

（2）用户自定义存储过程

可以通过 SQL Server 2000 企业管理器或 T-SQL 创建。

用 T-SQL 语句创建存储过程的格式：

```
Create Procedure 存储过程名
(形参名 1 数据类型, 形参名 2 数据类型 OUTPUT, …)
As
  T-SQL 语句
```

其中，形参 1 为输入参数，形参 2 为输出参数。

存储过程的执行：

```
Execute 变量名 = 存储过程名 形参 1 = 实参表达式, 形参 2 = 实参变量 OUTPUT
```

或

```
Exec 存储过程名 实参表达式, 实参变量 OUTPUT
```

其中，变量为存储过程调用的返回结果值，0 表示成功调用，−1 ～ −99 为系统调用错误。

10. 实例

1）列出某门课程的学生成绩。

定义存储过程：

```
Create Procedure Listscore
  @ Coursename char(20)
As
  Select score. sno, sname, cname, score
    From students, score, course
      Where students. sno = score. sno and score. cno = course. cno and course. cname =
@ Coursename
```

调用存储过程，查看大学英语 1 的成绩：

```
Execute Listscore'大学英语 1'
```

2）使用游标，将某门课程中成绩为 0 的学生删除，成绩小于 50 的全部设置为 50，并列出 90 分以上（含 90 分）的学生学号及成绩。

```
Create Procedure Updatescore
  @ Courseno char(10)                                      -- 参数: 课程号
As
  Declare @ Studentno char(10)
  Declare @ coursescore dec(6, 0)
  Declare CourseCursor Cursor For                          -- 声明游标
    Select sno, score
      From score
      Where cno = @ Courseno
      Order By sno
      For Update Of score
  Open CourseCursor                                        -- 打开游标
  Fetch next from CourseCursor into @ Studentno, @ coursescore   -- 提取数据
  While(@ @ fetch_status = 0)
  Begin
    If(@ coursescore = 0)
      Delete From score
      Where Current Of CourseCursor                        -- 对当前行进行 delete 操作
    If(@ coursescore < 50)
      Update score
        Set score = 50
        Where Current of CourseCursor                      -- 对当前行进行 update 操作
    If(@ coursescore > = 90)
      Print'学号: '+@ Studentno +' 成绩: '+@ score
```

```
    Fetch Next From CourseCursor Into @ Studentno, @ coursescore
End
Close CourseCursor                                          -- 关闭游标
Deallocate CourseCursor                                     -- 释放游标
```

调用存储过程，对课程号为"0001"的成绩进行处理：

```
Execute Updatescore'0001'
```

5.4.2 实验内容与要求

1. 实验目的与要求

1）熟悉 T-SQL 的流程控制语句、游标的使用。

2）学会编制自定义函数。

3）掌握创建、执行、修改及删除存储过程的方法。

2. 实验内容

1）使用 T-SQL 的流程控制语句、游标，完成对数据的处理。

2）使用自定义函数，完成对数据的处理。

3）使用存储过程，完成对数据的处理。

3. 实验步骤

1）使用 T-SQL 的流程控制语句、游标，进行程序设计。

2）自定义函数并进行调用，完成对数据的处理。

3）使用存储过程，完成对数据的处理。

5.4.3 实验任务

1. T-SQL 的流程控制语句、游标的使用

编写程序完成以下功能，在查询分析器中执行程序，并记录结果：

1）在 Score 表中求某班学生某门课程的最高分和最低分的学生信息，包括学号、姓名、课程名、成绩四个字段。

2）查询某班的学生信息，要求列出的字段为：班级、本班内的学号、姓名、性别、出生日期、政治面貌。

3）在 Student 表中先插入三条新记录，其中的 Polity 字段的值为 NULL，要求对记录进行查询时，对应的 NULL 值在显示时显示为"群众"。

4）根据 Score 表中的考试成绩，查询某班学生某门课程的平均成绩，并根据平均成绩输出相应的提示信息。

5）根据 Student、Score 表中的考试成绩，查询某班学生的考试情况（包括学号、姓名、课程号、课程名称、成绩），其中课程名称是使用 CASE 语句将课程号替换得到。结果放到 t_score 表中。

6）根据 t_score 表中的考试成绩，查询某班学生的考试情况，并根据考试分数输出考试等级。

2. 存储过程的创建与调用

按要求完成以下功能，并记录结果：

1）创建一个存储过程 stu_scoreinfo，完成的功能是在表 Student、表 Course 和表 Score 中查询以下字段：班级、学号、姓名、性别、课程名称、考试分数。

2）创建一个带有参数的存储过程 stu_info，该存储过程根据传入的学生编号，在表 Student 中查询此学生的信息。

3）创建一个带有参数的存储过程 stu_age，该存储过程根据传入的学生编号，在表 Student 中计算此学生的年龄，并根据程序执行结果返回不同的值，若程序执行成功，返回整数 0，如果执行错误，则返回错误号。

4）执行 stu_scoreinfo 存储过程（无参）。

5）执行存储过程 stu_info（该存储过程有一个输入参数"学号"，在执行时需要传入一个学号值）。

6）执行存储过程 stu_age（该存储过程有一个输入参数"学号"和一个输出参数@age。存储过程执行完后应有一个返回的状态值，这个值可以从返回的错误号得到）。

7）使用系统存储过程 sp_help、sp_helptext、sp_depends、sp_stored_procedures 查看用户创建的存储过程。

8）删除存储过程 stu_scoreinfo。

3. 自定义函数的创建与调用

按要求完成以下功能，在查询分析器中执行程序，并记录结果。

1）编写一个自定义函数 fun_avgscores。求 Score 表中各班级的各门课程的平均分。主程序调用该函数，显示各班级、各课程的平均分。

2）编写一个用户自定义函数 fun_sumscores。要求根据输入的班级号和课程号，求得此班此门课程的总分。主程序调用该函数，查询指定班级的某课程的总分。

3）编写一自定义函数，用于查询给定姓名的学生，如果没找到，返回 0，否则返回满足条件的学生人数。主程序调用该函数，查询姓名为"李浩"的学生，并根据函数的返回值进行输出。

思考与实践

对"图书借阅数据库"中的 JS、TS、CBS、JY 表进行以下操作：

1）查询各借书人的借阅量（若重复借阅一本书，则以一本书计），要求得到：借书证号、姓名、借书量。

2）查询指定借书人的借书最多的一次所借的图书信息及还书时间。

第6章　数据库应用

本章主要讲述如何开发数据库应用系统，重点是数据库的设计、应用系统与数据库之间进行数据交换。

6.1　实验六　数据库设计

6.1.1　知识准备

1. 数据库设计的任务

设计一个符合环境要求又能满足用户需求、性能良好的数据库，即在一定平台制约下，根据数据需求与处理需求设计出性能良好的数据模式。这也是数据库应用系统中的一个核心问题。

2. 数据库设计的步骤

数据库设计是软件工程的一个部分，软件工程将软件开发过程称为软件生存周期，这个周期一般分为需求分析、设计、编码、测试、运行和维护等阶段，数据库设计处于软件工程的前四个阶段。如图6-1所示。

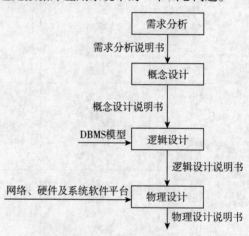

图 6-1　数据库设计的步骤

3. 各个步骤的主要工作

（1）需求分析

在需求调查的基础上，以数据为中心，借助数据流程图、数据字典对系统的现状进行需求分析，形成数据需求说明书。

（2）概念设计

在数据需求分析基础上，分析数据间的内在语义关联，借助 E-R 图，建立一个数据的抽象模型，形成概念设计说明书。

（3）逻辑设计

将 E-R 图转换成指定 RDBMS 中的关系模式，并进行关系规范化、性能调整和约束条件设置，形成逻辑设计说明书。

（4）物理设计

对数据库内部物理结构做调整并选择合理的存取路径，以提高数据库访问速度及有效利用存储空间，形成物理设计说明书。

4. 数据库设计实例

（1）需求分析

需求调查。该数据库设计的客观世界目标对象是一个期刊编排系统，经调查其主要工作是：

1）一个期刊社有若干个编辑部与若干个排版部。

2）由编辑部的编辑人员对稿件作编辑并决定稿件收录的期刊、刊次与栏目。

3）由排版部的设计人员负责期刊的设计排版工作。

数据字典。根据需求调查结果，该系统的数据字典是：

1）数据类。期刊编排系统共有 6 个数据类：

● 期刊编排 C1：部门

- 期刊编排 C2：职工
- 期刊编排 C3：期刊
- 期刊编排 C4：稿件
- 期刊编排 C5：编辑
- 期刊编排 C6：排版

2）数据项。期刊编排系统共有 27 个数据项，如表 6-1 所示。

表 6-1　数据项表

编号	数据项名	对应数据类	数据类型、长度	附注
I1	编号	C1	整型	
I2	名称	C1	字符、可变长 50	非空
I3	负责人	C1	字符、可变长 50	
I4	电话	C1	字符、可变长 24	非空
I5	编号	C2	整型	
I6	姓名	C2	字符、可变长 30	
I7	年龄	C2	整型	
I8	职务	C2	字符、可变长 20	非空
I9	性别	C2	字符、固定长度 2	
I10	期刊编号	C3	字符、固定长度 8	
I11	期刊名称	C3	字符、可变长度 50	
I12	设计排版人员号	C3	整型	非空
I13	发行量	C3	整型	
I14	出版日期	C3	日期	
I15	编号	C4	整型	
I16	标题	C4	字符、可变长度 150	
I17	作者	C4	字符、可变长度 30	非空
I18	正文	C4	字符	
I19	字数	C4	整型	
I20	编辑人员号	C5	整型	
I21	稿件编号	C5	整型	
I22	完成日期	C5	日期	非空
I23	所属栏目	C5	字符、可变长 40	
I24	部门编号	C6	整型	
I25	期刊编号	C6	字符、固定长 8	
I26	完成日期	C6	日期	非空
I27	排版人员号	C6	整型	

3）语义约束。该期刊编排系统遵遁有如下的约束：

- 期刊编排有若干个部门，它包括若干编辑部与若干排版部。
- 期刊编排有若干个职工，他们每人工作于一个部门，每个部门有若干人。
- 若干的编辑部中每个编辑负责若干稿件，每个稿件仅由一个编辑部的编辑负责。
- 期刊编排中的排版部有若干人员与若干期刊。每期期刊由多篇稿件组成，并由一个部门负责排版设计。
- 人员性别非男即女。
- 人员年龄为 18～60 岁。

（2）概念设计

根据需求分析，在概念设计阶段采用 E-R 方法与视图集成法。

1）分解。首先对期刊编采作分解，它可分解为如下三个视图，它们是：

人员组织；稿件编辑；设计排版。

2）视图设计。对每个视图作 E-R 图。如图 6-2 至图 6-4 所示。

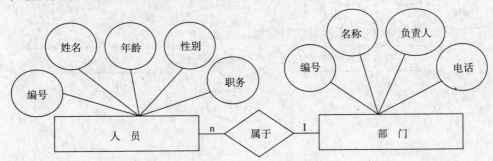

图 6-2　人员组织 E-R 图

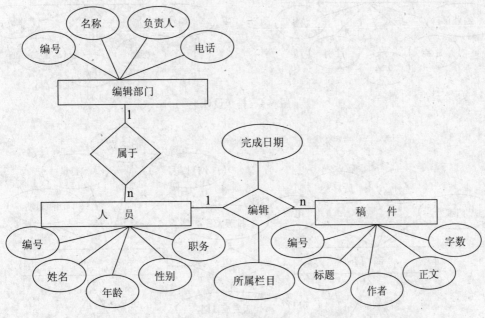

图 6-3　稿件编辑

3）视图集成。视图设计后作视图集成，最终形成全局 E-R 图。在集成过程中存在冲突，它们是：

- 在实体集中，编辑部与排版部均为期刊社的部门，因此可以合并为：部门。在合并中涉及属性的不一致与冲突，需做调整。
- 在集成中存在着属性的冲突性，如"完成日期"有冲突；"编号"有冲突，它们均需做调整。

经调整后最终形成全局的 E-R 图，如图 6-5 所示。

（3）逻辑设计

在概念设计基础上可以作逻辑设计，将全局 E-R 图转换成关系模式，这些模式均应符合第三范式，同时设计数据完整性约束与关系视图。

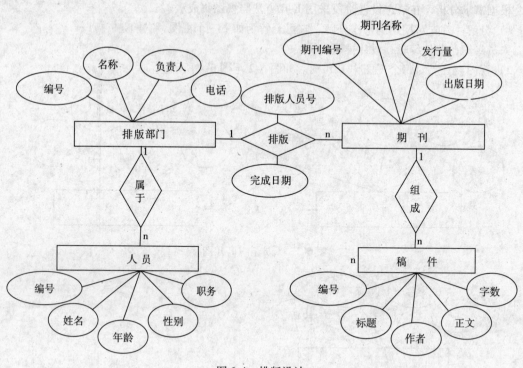

图 6-4　排版设计

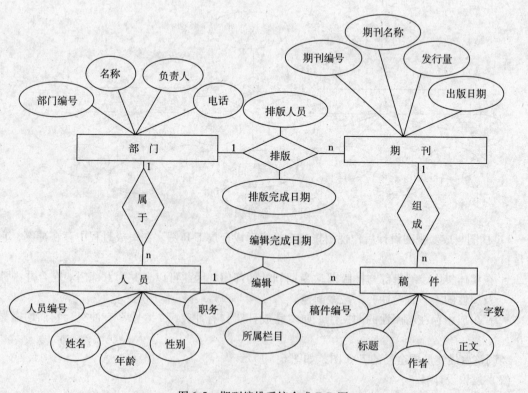

图 6-5　期刊编排系统合成 E-R 图

1）关系模式。在全局 E-R 图中有四个实体集，它们可构成四个关系，同时有四个联系。它们均为 1：n 联系，因此它们可以归并至相应四个关系中，从而组成如下的关系：

- 部门（<u>部门编号</u>，部门名称，负责人，电话）
- 人员（<u>职工编号</u>，姓名、性别、年龄、职务、部门编号）
- 期刊（<u>期刊编号</u>，期刊名称、出版日期、部门编号、排版人员号、排版完成日期、发行量）
- 稿件（<u>稿件编号</u>，标题、作者、字数、正文、编辑人员编号、编辑完成日期、期刊编号、所属栏目）

2）数据模式规范化。

3）数据完整性。

- 主键：已在关系模式中确定——它们分别是部门编号、职工编写、期刊编号及稿件编号。
- 外键：人员关系中的部门编号、期刊关系中的部门编号、稿件关系中的编辑人员编号及期刊编号。
- 用户定义完整性："人员"中的"性别"值非男即女；"人员"中的"年龄"约束为18~60。

4）关系中的视图。可在人员中构作"编辑人员"与"排版人员"两个视图。

（4）物理设计

物理设计主要是建立索引，它包括：

1）在四个表的主键中建立索引。

2）在"人员"中的"年龄"和"稿件"中的"字数"以及"期刊"的"发行量"上分别建立索引以提高作统计时的运行效率。

6.1.2 实验内容与要求

1. 实验目的与要求

1）了解数据库设计的基本内容。

2）掌握数据库设计的全过程。

3）学会书写概念设计说明书、逻辑设计说明书。

2. 实验内容

图书销售管理的数据库设计。

6.1.3 实验任务

1. 需求分析

（1）问题描述

某书店面积近100平方米，经营各类图书数千种，数量近万册，所有图书分门别类摆放。为了提高书店的经济效益，书店采取了多种营销策略，如：不定期地开展促销活动，对部分图书进行打折销售；采用开架方式，供顾客自由选择图书；为顾客建立会员读书卡，实行积分优惠等。目前对于图书的相关数据、销售信息、库存信息、顾客信息均采用人工方式进行管理，领导及顾客所提出的要求经常难以得到满足，如不能及时提供指定图书的库存信息、销售情况等，影响了书店的形象和收益。因此，希望采用计算机实现对图书销售的管理，能实时为顾客、领导、书店工作人员提供准确的数据，降低书店人员的工作量，提高工作效率，为顾客提供更好的服务，提升书店的服务质量与服务水平。

据了解，书店的业务需求如下：

图书零售购买：顾客购书后到收银台进行结账。对于书店的会员可以提供相应的折扣。输入需要购买的图书和数量，计算出总金额，由用户选择使用现金或会员卡进行结账。并提供销售小票流水号作为销售的单据。对于会员，还要计算相应的积分。

图书零售退货：顾客对已购买的图书进行退货。需要提供图书和销售的小票以作为购买凭证。系统查询数据库进行数据验证，对符合要求的图书进行退货。

新书编目：书店从出版社购买新的图书后，根据进货清单进行编目。只有编目后的图书才可以进行销售。

图书查找：可以使用 ISBN、书名、出版社三种方式查找已编目的图书。

图书资料修改：对已编目的图书修改图书的基本信息、零售价和最低折扣价。

图书进货：对已编目的图书再进货，同时处理其金额差异。

图书退货：对已编目的图书退货，同时处理其金额差异。

出版社管理：添加、删除、修改出版社。同时查询出版社的资料。

会员添加：添加新的会员，同时登记会员的基本信息、有效期、指定会员组等等。

会员查找：提供会员编号、身份证号、会员姓名等方式复合查询。

会员删除：删除已存在的会员。

会员信息修改：对会员的基本资料进行修改。

系统设置：添加、删除、修改系统操作员，同时为相应的操作员设置其控制权限。

密码修改：对当前的系统操作员的密码进行修改。

数据管理：提供系统数据库的备份与恢复。

报表处理：提供图书销售单、图书进货单、会员列表、出版社列表、销售单等报表。

（2）根据需求调查的结果，列出该系统的数据字典（请自行补充完整）

1）数据类。

C1：图书

C2：书店工作人员（进货员、编目员、销售员、收银员）

C3：会员

C4：出版社

C5：进货

C6：销售

……

2）数据项。

根据系统的需求，列出每个数据类的所有数据项（如表6-2所示，请自行补充完整）。

表6-2 数据项表

编号	数据项名	对应数据类	数据类型、长度	附注
I1	ISBN	C1	字符，可变长20	图书号、非空
…	…	…	…	…

3）语义约束（请自行补充完整）。

书店有若干个工作部门，它包括进货部、销售部、收银部、服务部。

书店有若干个职工，他们每人工作于一个部门，每个部门有若干人。

每个职工负责自己的工作，中心目的是图书销售。

销售的图书可以来自不同的出版社；书名可以相同。

……

2. 概念结构设计

根据需求分析，在概念设计阶段采用 E-R 方法与视图集成法。

1）根据功能，视图分解。

2）视图设计。对每个局部视图作 E-R 图。

3）视图集成。将局部视图进行视图集成，最终形成全局 E-R 图。

提示：要注意解决在集成过程中存在的冲突。

4）编制概念设计说明书。

3. 逻辑结构设计

1）关系模式。将全局 E-R 图转换成关系模式。

2）数据模式规范化。使所有关系模式均符合第三范式。

3）数据完整性。列出约束条件，包括完整性约束、安全性约束、数据类型约束、数据量的约束；并重新设置每个表和候选键、主健和外键。

4）关系中的视图。根据用户需求，设计关系视图，列出视图名、视图列名、视图定义等。

5）编制逻辑设计说明书。

4. 物理结构设计

1）索引设计。列出建立在关系上的所有索引

2）存储结构的设计。

- 确定数据存放位置。确定主数据库文件、辅助数据库文件和事务日志文件的存放位置（磁盘目录路径）。

  注意：不能存放于压缩文件系统或网络驱动器中。

- 系统参数配置。设置系统参数及主数据库文件、辅助数据库文件和事务日志文件的参数配置，如：数据库用户数、文件大小（初始及最大尺寸）、增长速度等。

3）编制物理设计说明书。

6.2 实验七 C/S 结构方式与 ODBC 的接口

6.2.1 知识准备

1. 数据库应用系统的组成

数据库应用系统是以数据库为核心的信息系统，在数据库应用系统中强调数据共享与数据集成，数据库应用系统共由四个层次组成，它们分别是平台层、数据层、应用层及界面层。

2. 数据库应用系统的开发

以数据库应用系统平台为基础，并使用 DBMS、中间件、开发工具（包括应用开发工具与界面开发工具）可以对数据库应用系统作开发，其开发的内容包括下面几个部分：

1）数据层开发：包括数据模式建立、数据加载、数据完整性、完全性的设置等内容。

2）应用层开发：包括应用程序编制以及与数据库接口等开发。

3）界面层开发：包括应用界面程序的编制等内容。

3. C/S 结构方式

C/S 结构是网络上的一种基本分布式结构方式。C/S 结构模式由一个服务器 S（server）与多个客户机 C（client）所组成，它们间由网络相联并通过接口进行交互，其简单示意图如图 6-6 所示。

4. 数据库应用系统的开发工具

1）数据层开发：SQL Server 2000。

图 6-6　C/S 结构示意

2）应用层与界面层开发：VC 6.0。

5. ODBC

ODBC 即开放式数据库互连（Open Database Connectivity），是基于关系数据库的结构化查询语言 SQL 而设计的、用于访问数据库的统一界面标准。它包含一组可扩展的动态链接库，提供了一个标准的数据库应用的程序设计接口，可以通过它编写对数据库进行增、删、改、查和维护等操作的应用程序。

在 ODBC 层上的应用程序看来，各个异构关系数据库只是相当于不同的数据源，这些数据源的组织结构对于开发人员是透明的，因此可以编写独立于数据库的访问程序，在应用程序中发出 SQL 命令，由 ODBC 发给数据库，数据库再将处理结果经过 ODBC 返回给应用程序。

6. ODBC 数据源 DSN

（1）数据源

指数据的来源和访问该数据所需的连接信息。

数据的来源：一般为 DBMS、电子表格以及文本文件；

连接信息：包括服务器位置、数据库名称、登录 ID、密码等。

（2）ODBC 数据源

ODBC 数据源记录下列内容：连接到数据源所使用的 ODBC 驱动程序；ODBC 驱动程序连接到数据源所使用的信息；连接所使用的驱动程序特有的选项。

7. 使用 ODBC 编程步骤

编写 ODBC 程序主要有以下几个步骤：

（1）分配 ODBC 环境句柄

调用函数 SQLAllocHandle，声明一个 SQLHENV 类型的变量。

设置环境属性：完成环境分配后，用函数 SQLSetEnvAttr 设置环境属性，注册 ODBC 版本号。

（2）分配连接句柄

调用 SQLAllocHandle 函数，声明一个 SQLHDBC 类型的变量。

设置连接属性：所有连接属性都可通过函数 SQLSetConnectAttr 设置，调用函数 SQLGetConnectAttr 可获取这些连接属性的当前设置值。

（3）连接数据源

对于不同的程序和用户接口，可以用不同的函数把连接句柄与数据库相连接。

SQLConnect：该函数只要提供数据源名称、用户 ID 和口令，就可以进行连接了。

SQLDriverConnect：该函数用一个连接字符串建立至数据源的连接，它可以让用户输入必要的连接信息，使用系统中还没定义的数据源。

（4）准备并执行 SQL 语句

1）分配语句句柄：通过调用 SQLAllocHandle 函数分配。

函数 SQLGetStmrrAttr 和 SQLSetStmrrAttr 用来获取和设置一个语句句柄的选项。

2）执行 SQL 语句。

SQLExecDirect：该函数直接执行 SQL 语句，对于只执行一次的 SQL 语句来说，该函数是执行最快的方法。

SQLPrepare 和 SQLExecute：对于需要多次执行的 SQL 语句来说，可先调用 SQLPrepare 准备 SQL 语句的执行，用 SQLExecute 执行准备好的语句。

3）使用参数：使用参数可以使一条 SQL 语句多次执行，得到不同的结果。

函数 SQLBindParameter 负责为参数定义变量，将一段 SQL 语句中的一个参数标识符（"?"）

捆绑在一起，实现参数值的传递。

（5）获取结果集

应用程序通过绑定（Binding）（建立结果集与用户变量的联系，使结果集中的每一列与用户申请的变量一一对应）对结果集进行操作。

1）绑定列：首先必须分配与结果集中字段相对应的变量，然后通过函数 SQLBindCol 将记录字段同程序变量绑定在一起，对于长记录字段，可以通过调用函数 SQLGetData 直接取回数据。

绑定字段可以根据自己的需要全部绑定，也可以绑定其中的某几个字段。

通过调用函数 SQLBindCol 将变量地址值赋为 NULL，可以结束对一个记录字段的绑定，通过调用函数 SQLFreeStmt，将其中选项设为 SQL_UNBIND，或者直接释放句柄，都会结束所有记录字段的绑定。

2）SQLFetch：该函数用于将结果集的下一行变成当前行，并把所有捆绑过的数据字段的数据拷贝到相应的缓冲区。

3）游标：应用程序获取数据是通过游标（Cursor）来实现的，在 ODBC 中，主要有三种类型的光标：单向游标、可滚动游标和块游标。

（6）记录的添加、删除和更新

数据源数据更新可通过三种方式：

1）通过 SQLExecDirect 函数使用相应的 SQL 语句，适用于任何 ODBC 数据源；

2）调用 SQLSetPos 函数实现结果集定义更新；

3）调用 SQLBulkOperations 函数实现数据更新，调用前，须先调用 SQLFetch 或 SQLFetch-Scroll 设定当前行集的位置。

需要注意的是，后两种方式有的数据源不支持，可以先调用 SQLGetInfo 确定数据源。

（7）错误处理

每个 ODBC API 函数都能产生一系列反映操作信息的诊断记录，可以用 SQLGetDiagField 函数获取诊断记录中特定的域，另外，可以使用 SQLGetDiagRec 函数获取诊断记录中一些常用的域。

（8）事务处理

事务提交包括自动提交模式和手动提交模式两种方式。

自动提交模式是默认的连接属性设置，对于所有的 ODBC 驱动程序都能适应这种模式下，所有语句都是作为一个独立的事务进行处理的。应用程序可通过调用函数 SQLSetConnectAttr 设定连接属性 SQL_ATTR_AUTOCOMMIT。

手动提交模式把一组 SQL 语句放入一个事务中，程序必须调用函数 SQLEenTran 明确地终止一个事务。若使用多个激活的事务，就必须建立多个连接，每一个连接包含一个事务。

（9）断开数据连接并释放环境句柄

完成数据库操作，关闭应用程序时，先调用 SQLFreeHandle 函数释放语句句柄，再调用 SQLDisconnect 函数关闭同数据库的连接，释放连接句柄。最后调用 SQLFreeHandle 函数释放前面分配的环境，释放环境句柄。

8. VC 与 ODBC 数据源的连接

（1）用 ODBC API 编程

一般要用到表6-3所示函数。

表6-3 常用函数

函数	功能
SQLALLocEnv	初始化 ODBC 环境，返回环境句柄
SQLALLocConnect	为连接句柄分配内存并返回连接句柄
SQLConnect	连接一个 SQL 数据资源
SQLDriverConnect	连接一个 SQL 数据资源，允许驱动器向用户询问信息
SQLALLocStmt	为语句句柄分配内存并返回语句句柄
SQLExecDirect	把 SQL 语句送到服务器
SQLFetchAdvances	到结果集的下一行（或第一行）
SQLGetData	从结果集的特定的一列取回数据
SQLFreeStmt	释放与语句句柄相关的资源
SQLDisconnect	切断连接
SQLFreeConnect	释放与连接句柄相关的资源
SQLFreeEnv	释放与环境句柄相关的资源

（2）VC 中使用 ODBC API 的编程方法

1）初始化 ODBC，获取 ODBC 环境句柄：

```
SQLHENV henv = SQL_NULL_HENV; //定义环境句柄
retcode = SQLAllocHandle(SQL_HANDLE_ENV, NULL, &henv); //分柄环境句柄 henv
retcode = SQLSetEnvAttr(henv, SQL_ATTR_ODBC_VERSION,
(void* )SQL_OV_ODBC3, SQL_IS_INTEGER); //设置环境属性，ODBC 版本号 3. x
```

无论程序将建立多少个 ODBC 连接，这个过程只需执行一次即可。

2）与 ODBC 数据源建立连接。

- 调用 SQLAllocConnect 函数获取连接句柄：

```
SQLHDBC hdbc = SQL_NULL_HDBC; //[定义数据库连接句柄
retcode = SQLAllocHandle(SQL_HANDLE_DBC, henv, &hdbc); //分柄连接句柄 hdbc
```

- 调用 SQLConnect 函数建立连接：

```
/* 系统数据源为 ODBC_API_DEMO，登录用户名为 sa，密码为空* /
retcode = SQLConnect(hdbc, (SQLCHAR*)"ODBC_API_DEMOL",
SQL_NTS, (SQLCHAR*)"sa", SQL_NTS, (SQLCHAR*)"", SQL_NTS);
```

3）通过连接向 ODBC 数据库提交 SQL 语句，实现存取数据。

- 调用 SQLAllocStmt 函数获取语句句柄。

```
SQLHSTMT hstmt = SQL_NULL_HSTMT; //定义语句句柄
retcode = SQLAllocHandle(SQL_HANDLE_STMT, hdbc, &hstmt);
retcode = SQLSetStmtAttr(hstmt, SQL_ATTR_ROW_BIND_TYPE,
(SQLPOINTER)SQL_BIND_BY_COLUMN, SQL_IS_INTEGER); //设置属性
```

- 调用 SQLExecDirec 函数执行 SQL 语句。

```
retcode = SQLExecDirect(hstmt, (SQLCHAR*)"SELECT*FROM STUDENT", SQL_NTS);
```

4）结束应用程序。

在应用程序完成数据库操作、退出运行之前，必须释放程序中使用的系统资源。这些系统资源包括：语句句柄、连接句柄和 ODBC 环境句柄。

完成这个过程的步骤如下：

- 调用 SQLFreeStmt 函数释放语句句柄及其相关的系统资源。

```
SQLFreeHandle(SQL_HANDLE_STMT, hstmt); //释放语句句柄
```

- 调用 SQLDisconnect 函数关闭连接。

```
SQLDisconnect(hdbc); //断开数据源
```

- 调用 SQLFreeConnect 函数释放连接句柄及其相关的系统资源。

```
SQLFreeHandle(SQL_HANDLE_DBC, hdbc); //释放连接句柄
```

- 调用 SQLFreeEnv 函数释放环境句柄及其相关的系统资源，停止 ODBC 操作。

```
SQLFreeHandle(SQL_HANDLE_ENV, henv); //释放环境句柄
```

9. 使用 ODBC 编程实例

通过 ODBC 数据源 ODBC_API_DEMO，向"教师授课管理数据库"的 STUDENT 表中插入一条新记录，并输出 STUDENT 表中所有的记录。

（1）配置 ODBC 数据源

建立与本机的"教师授课管理数据库"连接的 ODBC 系统数据源 ODBC_API_DEMO，用户名为"sa"，密码为空。

1）打开"控制面板"中的"管理工具"窗口，双击"数据源（ODBC）"选项，启动 ODBC 数据源管理器，如图 6-7 所示。

2）单击"系统 DSN"选项卡中的"添加"按钮，打开"创建新数据源"对话框，如图 6-8 所示。

3）从列表中选择"SQL Server"选项，单击"完成"按钮，弹出如图 6-9 所示的对话框。

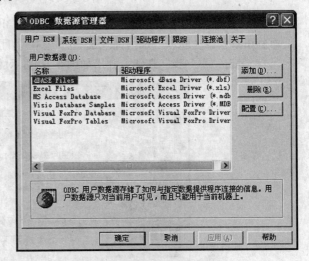

图 6-7 ODBC 数据源管理器

图 6-8 "创建新数据源"对话框

图 6-9   设置数据源名及服务器

在此对话框中设置数据源名称 ODBC_ API_ DEMO、数据源的描述（可不填）和要连接的数据库所在服务器（local）。其中服务器还可用 IP 地址、计算机名来描述。

4）单击"下一步"按钮，弹出如图 6-10 所示的对话框。

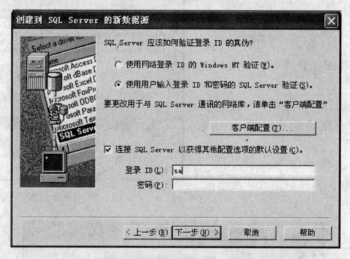

图 6-10   选择用户登录方式

选择"使用用户输入登录 ID 和密码的 SQL Server 验证"选项，输入用户名 sa，密码为空。

5）单击"下一步"按钮，弹出如图 6-11 所示的对话框。

更改默认的数据库为要连接的数据库：教师授课管理数据库。

6）单击"下一步"按钮，弹出如图 6-12 所示的对话框。

选择好配置后，单击"完成"按钮，弹出如图 6-13 所示的对话框，显示新创建的 ODBC 数据源的配置信息。

7）单击"测试数据源"按钮，如果数据源正确创建，"测试结果"列表框中将显示测试成功的信息，如图 6-14 所示；否则显示连接失败的信息。

8）单击"确定"按钮，返回到如图 6-13 所示的对话框，再单击"确定"按钮，返回到"ODBC 数据源管理器"，此时，在系统数据源中就可见到刚建立的数据源 ODBC_ API_ DEMO，如图 6-15 所示。

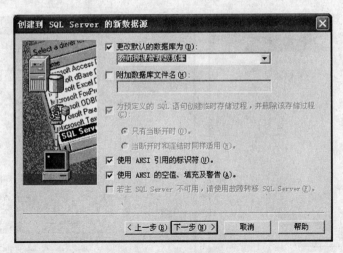

图 6-11 选择数据库

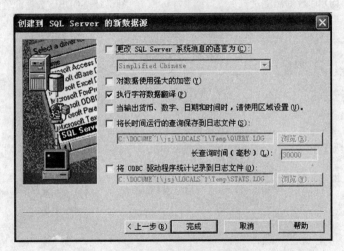

图 6-12 配置数据源选项

图 6-13 ODBC 数据源信息

图 6-14　ODBC 数据源测试　　　　　　图 6-15　ODBC 数据源管理器

（2）源程序

```
//头文件
#include < iostream. h >
#include < string. h >
#include < windows. h >
#include < sql. h >
#include < sqlext. h >
#include < sqltypes. h >
#include < odbcss. h >

#define SNO_LEN 30                                      //学号长度
#define NAME_LEN 50                                     //姓名长度
#define DEPART_LEN 100                                  //系名长度
/* Step 1 定义句柄和变量* /
SQLHENV henv = SQL_NULL_HENV;                           //定义环境句柄
SQLHDBC hdbc = SQL_NULL_HDBC;                           //[定义数据库连接句柄
SQLHSTMT hstmt = SQL_NULL_HSTMT;                        //定义语句句柄

void main()
{
/* 声明及定义变量* /
  SQLRETURN retcode;                                    //定义返回代码变量
  SQLCHAR sName[NAME_LEN +1], sDepart[DEPART_LEN +1], sSex[3], sSno[SNO_LEN +1];
  SQLINTEGER sAge;
  SQLINTEGER cbAge =0, cbSno = SQL_NTS, cbSex = SQL_NTS,
            cbName = SQL_NTS, cbDepart = SQL_NTS;
/* Step 2 初始化环境* /
  retcode = SQLAllocHandle(SQL_HANDLE_ENV, NULL, &henv)//分柄环境句柄 henv
  retcode = SQLSetEnvAttr(henv, SQL_ATTR_ODBC_VERSION,
        (void* )SQL_OV_ODBC3, SQL_IS_INTEGER);          //设置环境属性, ODBC 版本号 3. x
/* Step 3 建立连接* /
  retcode = SQLAllocHandle(SQL_HANDLE_DBC, henv, &hdbc)//分柄连接句柄 hdbc
/* 系统数据源为 ODBC_API_DEMO, 登录用户名为 sa, 密码为空* /
  retcode = SQLConnect(hdbc, (SQLCHAR* )"ODBC_API_DEMO", SQL_NTS,
          (SQLCHAR*)"sa", SQL_NTS, (SQLCHAR*)"", SQL_NTS);
if(! SQL_SUCCEEDED(retcode))                            //连接失败时返回错误值
  {
```

```
       cout << "连接数据源失败, 系统自行退出! \n";
       return -1;
}

/* Step 4 初始化语句句柄 * /
  retcode = SQLAllocHandle(SQL_HANDLE_STMT, hdbc, &hstmt);
  retcode = SQLSetStmtAttr(hstmt, SQL_ATTR_ROW_BIND_TYPE,
      (SQLPOINTER)SQL_BIND_BY_COLUMN, SQL_IS_INTEGER); //设置语句句柄属性
/* Step 5 两种方式执行语句 * /
  /* 方式1  预编译带有参数的语句, 向 STUDENT 表中插入一条新记录 * /
retcode = SQLPrepare(hstmt, (SQLCHAR* ) \ "INSERT INTO STUDENT
           (SNO, SNAME, SSEX, SAGE, SDEPT)VALUES(,,,,)", SQL_NTS);
  //检测插入是否成功
if(retcode = = SQL_SUCCESS | | retcode = = SQL_SUCCESS_WITH_INFO)
{
  //将变量 cbAge, cbSno, cbSex, cbName, cbDepart 中的内容写入该记录中
  retcode = SQLBindParameter(hstmt, 1, SQL_PARAM_INPUT, SQL_C_CHAR,
        SQL_CHAR, SNO_LEN, 0, sSno, 0, &cbSno);
  retcode = SQLBindParameter(hstmt, 2, SQL_PARAM_INPUT, SQL_C_CHAR,
        SQL_CHAR, NAME_LEN, 0, sName, 0, &cbName);
  retcode = SQLBindParameter(hstmt, 3, SQL_PARAM_INPUT, SQL_C_CHAR,
        SQL_CHAR, 2, 0, sSex, 0, &cbSex);
  retcode = SQLBindParameter(hstmt, 4, SQL_PARAM_INPUT, SQL_C_LONG,
        SQL_INTEGER, 0, 0, &sAge, 0, &cbAge);
  retcode = SQLBindParameter(hstmt, 5, SQL_PARAM_INPUT, SQL_C_CHAR,
        SQL_CHAR, DEPART_LEN, 0, sDepart, 0, &cbDepart);
}
/* 方式2  执行 SQL 语句, 获得结果集 * /
  retcode = SQLExecDirect(hstmt, (SQLCHAR*)"SELECT*FROM STUDENT", SQL_NTS);
  if(retcode = = SQL_SUCCESS | | retcode = = SQL_SUCCESS_WITH_INFO)
  {
  /* 绑定列 * /
    retcode = SQLBindCol(hstmt, 1, SQL_C_CHAR, sSno, SNO_LEN, &cbSno);
    retcode = SQLBindCol(hstmt, 2, SQL_C_CHAR, sName, NAME_LEN, &cbName);
    retcode = SQLBindCol(hstmt, 3, SQL_C_CHAR, sSex, 2, &cbSex);
    retcode = SQLBindCol(hstmt, 4, SQL_C_LONG, sAge, 0, &cbAge);
    retcode = SQLBindCol(hstmt, 5, SQL_C_CHAR, sDepart, DEPART_LEN, &cbDepart);
  /* 读取数据, 并进行输出 * /
  while(retcode = SQLFetch(hstmt))! = SQL_NO_DATA)
    cout << sSno << '\t' << sName << '\t' << sSex << '\t' << sAge << '\t' << sDepart << '\n';
  }
/* Step 6 结束阶段 * /
  SQLFreeHandle(SQL_HANDLE_STMT, hstmt);          //释放语句句柄
  SQLDisconnect(hdbc);                            //断开数据源
  SQLFreeHandle(SQL_HANDLE_DBC, hdbc);            //释放连接句柄
  SQLFreeHandle(SQL_HANDLE_ENV, henv);            //释放环境句柄
}
```

6.2.2 实验内容与要求

1. 实验目的与要求

1) 了解 C/S 结构的应用系统设计与实现的全过程。

2) 学会开发工具与数据库互联的方法。

3) 能使用开发工具操纵数据库。

2. 实验内容

建立"图书销售管理系统"。

3. 实验环境要求

1）服务器端：SQL Server 2000。

2）客户端：VC6.0。

3）服务器端与客户端网络互连。

6.2.3 实验任务

1. 创建与维护数据库

根据"图书销售管理的数据库设计"得到数据库逻辑设计说明书，在 SQL Server 2000 中创建图书销售数据库（library），建立所有的表、设置约束，并准备好部分数据（**注意**：各表中的数据必须符合约束规则）。

2. 开发客户端数据库应用程序

（1）划分应用程序的功能模块

图书销售管理系统可以由五个模块组成，各模块的功能如下：

1）图书销售。包括以下功能：

- 图书零售：一般顾客零售和会员零售。
- 图书退货。

2）图书管理。包括以下功能：

- 新书编目：为新进的图书编目。
- 图书的查找与管理：包括查找（可实现按 ISBN、书名、出版社查找）、图书修改、图书进货、图书退货。
- 出版社管理。

3）会员管理。包括以下功能：

- 会员添加：添加新的会员，同时登记会员的基本信息、有效期等等。
- 会员查找：提供会员编号、身份证号、会员姓名等复合查询方式。
- 会员删除：删除已存在的会员。
- 会员信息修改：对会员的基本资料进行修改。

4）用户管理。包括以下功能：

- 用户添加：添加新的用户，同时设置用户的密码、权限等。
- 用户查找：提供用户名、用户权限等复合查询方式。
- 用户删除：删除已存在的会员。
- 用户信息修改：对用户的权限进行修改、初始化用户密码。

5）数据管理。包括以下功能：

- 数据备份。
- 数据恢复。

要求：列出各子功能模块所涉及到的表，并说明对表所做的操作。

（2）应用程序的实现

各功能模块均由函数实现，在主函数中，建立一个主菜单列表，由用户选择要实现的功能，调用相应的功能函数。

主函数如下：

```
void main()
{
  int k;
```

```
while(1)
{
  cout << '\n';
  cout << '\n';
  cout << "      * * * * * * * * * * * * * * * * * * * * * * * * * * * * * *" << '\n';
  cout << "                1. 图书销售" << '\n';
  cout << "                2. 图书管理" << '\n';
  cout << "                3. 会员管理" << '\n';
  cout << "                4. 用户管理" << '\n';
  cout << "                5. 数据管理" << '\n';
  cout << "                6. 退出" << '\n';
  cout << "      * * * * * * * * * * * * * * * * * * * * * * * * * * * * *" << '\n';
  cout << "            请选择1~6:" << '\n';
  cin >> k;
  if(k = =6)break;
  switch(t){
  case 1:   librarysale();       //调用图书销售函数
            break;
  case 2:   librarymanage();     //调用图书管理函数
            break;
  case 3:   membermanage();      //调用会员管理函数
            break;
  case 4:   usermanage();        //调用用户管理函数
            break;
  case 5:   datamanage();        //调用数据管理函数
            break;
  default: break;
  }
 }
}
```

要求：

1）每位同学至少要完成编写 librarysale()、librarymanage()、membermanage() 和 usermanage()
四个功能模块函数中的一个。

2）在各功能模块中，自行设计子菜单，按不同要求完成对数据库中的数据操作：显示、查
找、删除、修改等。

3）与数据库的连接和断开单独用函数实现。

6.3 实验八 B/S 结构方式与 ADO 的接口

说明：本实验涉及的内容比较多，要完成本实验，学生必须具备的知识包括 Internet、Web
应用（网站建设、网页制作、VBScript 和 JavaScrip 脚本语言的使用、XML 数据库、Web 数据库）
等。如果条件不具备，本实验可以不做。

6.3.1 知识准备

1. 数据库应用系统的组成

数据库应用系统是以数据库为核心的信息系统，在数据库应用系统中强调数据共享与数据
集成，数据库应用系统共由四个层次组成，它们分别是平台层、数据层、应用层及界面层。

2. 数据库应用系统的开发

以数据库应用系统平台为基础，并使用 DBMS、中间件、开发工具（包括应用开发工具与界
面开发工具）可以对数据库应用系统作开发，其开发的内容包括下面几个部分：

1）数据层开发：包括数据模式建立、数据加载、数据完整性、完全性的设置等内容。

2）应用层开发：包括应用程序编制以及与数据库接口等开发。

3）界面层开发：包括应用界面程序的编制等内容。

3. B/S 结构方式

B/S 结构是浏览器/服务器方式，程序全放在服务器上，不用在浏览器上安装任何文件即可运行，是基于 Internet 的产物。

用户在客户端通过浏览器提交请求，服务器端响应请求，执行相应的应用程序（包括嵌在普通 HTML 中的脚本程序），当程序执行完毕后，服务器仅将执行的结果返回给客户浏览器。其过程如图 6-16 所示。

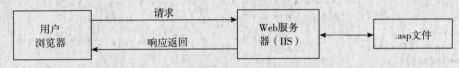

图 6-16 ASP 访问 Web 服务器的过程

4. 数据库应用系统的开发工具

1）数据层开发：SQL Server 2000。

2）应用层与界面层开发：ASP（Microsoft Active Server Pages）。

5. ASP 技术

ASP 是一套微软开发的服务器端脚本环境，ASP 内含于 IIS 中。通过 ASP，可以结合 HTML 网页、ASP 指令和 ActiveX 元件建立动态、交互且高效的 WEB 服务器应用程序。

ASP 程序以扩展名为 .asp 的纯文本形式存在于 Web 服务器上，可以用任何文本编辑器打开它，ASP 程序中可以包含纯文本、HTML 标记以及脚本命令。只需将 .asp 程序放在 Web 服务器的虚拟目录下（该目录必须要有可执行权限），就可以通过 WWW 的方式访问 ASP 程序了。

6. ASP 编辑工具

与高级编程语言不同，ASP 没有提供一个集成的开发环境，也没有专用的编辑工具。可以使用任何文本编辑工具编辑 ASP 文本，如：Windows 记事本、写字板、WORD 等。

通常用来编辑 ASP 的编辑工具为 FrontPage、Dream weaver 及 Visual InterDev 等。

7. HTML（超文本标记语言 Hypertext Marked Language）

HTML 是构成网页文档的主要语言。HTML 文件是由 HTML 命令组成的描述性文本，HTML 命令可以说明文字、图形、动画、声音、表格、链接等。HTML 的结构包括头部（Head）和主体（Body）两大部分，其中头部描述浏览器所需的信息，而主体则包含所要说明的具体内容。以下为一个简单的 HTML 文件：

```
<html>
  <head>
    <title>Title of my page</title>
  </head>
  <body>
    This is my first homepage.
    <b>This text is bold.</b>
  </body>
</html>
```

8. XML（可扩展标识语言）

XML 是用来创造标记语言（如 HTML）的元语言。HTML 着重于描述如何将文件数据显示在浏览器中；XML 着重于如何将数据用结构化的方式来表示，其优势在于能够用于跨平台交换数据。因此，不能用 XML 来直接写网页，对包含 XML 的数据，必须转换成 HTML 格式才能在浏览器上显示。

构成 XML 文档的基本成分是元素，元素由标记（tag）定义，包括开始标记和结束标记。每个元素包含文本、若干个属性或元素。XML 文档的结构属于层次结构，每个元素对应于层次结构中的一个结点。以下为一个简单的 XML 文件：

```
<? xml version="1.0" encoding="UTF-8" standalone="no" ? >
<myfile>
  <title> Title of my XML </title>
  <author>
    作者情况
    <id>91002772</id>
    <name>chang</name>
  </author>
  <email>changchuan611@ sohu.com</email>
  <date>20090501</date>
</myfile>
```

该 XML 中的元素构成了如图 6-17 所示的树形结构图。

9. XML 数据库

能够支持 XML 结构形式的数据库为 XML 数据库。

SQL Server 2000 中有 XML 数据库的功能，提供了 XML 数据类型和一组函数，可以实现关系数据库与 XML 数据之间的交换。

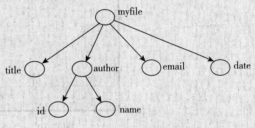

图 6-17　XML 文档结构

10. IIS 中配置 SQL XML 支持

1）单击"开始"按钮，依次选择"程序"|"Microsoft SQL Server"后，在得到的菜单选项中选择"在 IIS 中配置 SQL XML 文件"，如图 4-20 所示，打开"SQL Server 的虚拟目录管理"窗口，如图 6-18 所示。

2）双击"默认网站"（或选择菜单中的"操作"选项），在打开的菜单中选择"新建"子菜单中的"虚拟目录"选项，打开"新虚拟目录属性"对话框，如图 6-19 所示。

3）分别在"常规"、"安全性"、"数据源"、"设置"和"虚拟名称"选项卡中进行设置。

- "常规"选项卡：设置虚拟目录名（如chang）和物理目录路径（虚拟目录对应的实际目录，必须已存在）。

- "安全性"选项卡：设置 SQL Server 的登录信息（用户名、密码和账户类型），并进行密码确认，如图 6-20 所示。

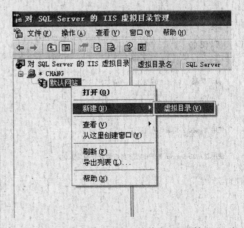

图 6-18　"SQL Server 的虚拟目录管理"窗口

- "数据源"选项卡：设置 SQL Server 的服务器名（（local）为本机服务器，可用服务器所在的IP 地址，也可用服务器上存在的实例名）和默认的数据库名（如 library），如图 6-21 所示。

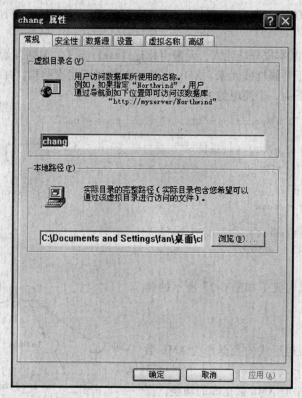

图 6-19 "新虚拟目录属性"对话框

- "设置"选项卡：设置该虚拟目录对 SQL Server 的访问类型（多选，包括 URL 查询、模板查询、xpath 查询和 POST 查询），如图 6-22 所示。

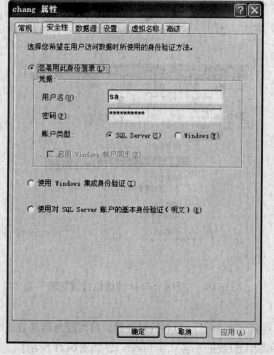

图 6-20 "安全性"选项卡

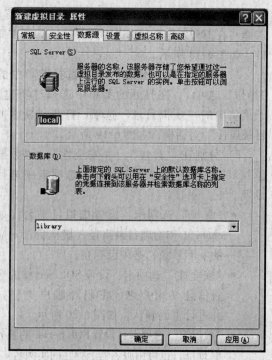

图 6-21 "数据源"选项卡

● "虚拟名称"选项卡：以创建模板类型为例设置虚拟名称，如图6-23所示，单击"新建"，弹出"虚拟名称"配置对话框，如图6-24所示，设置虚拟名称、类型和路径。

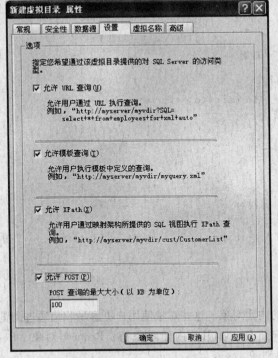

图6-22 "设置"选项卡

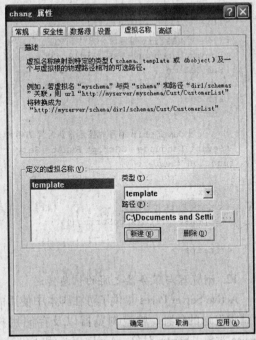

图6-23 "虚拟名称"选项卡

4）单击"确定"按钮保存设置。

5）测试虚拟目录。

在浏览器中键入"http://localhost/chang? sql = select * from T_users for xml auto&root = root"。

其中，localhost为本机，也可用SQL Server服务器所在的IP地址；chang为虚拟目录名。

则浏览器中以XML文档形式给出library数据库T_users表中所有的记录。

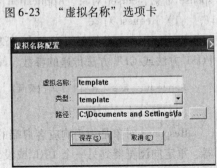

图6-24 "虚拟名称配置"对话框

11. 脚本与脚本语言

脚本是由一系列的脚本命令所组成的，如同一般的程序，脚本可以将一个值赋给一个变量，可以命令Web服务器发送一个值到客户浏览器，还可以将一系列命令定义成一个过程。

脚本语言是一种介乎于HTML和诸如Java、Visual Basic、C++等编程语言之间的一种特殊的语言，尽管它更接近后者，但它却不具有编程语言复杂、严谨的语法和规则。用户通过脚本语言编程，完成对数据的处理工作。在安装ASP时，系统提供了两种脚本语言：VBScript和JavaScrip，而VBScript则被作为系统默认的脚本语言。在同一个.asp文件中，只需声明使用不同的脚本语言，就可以使用不同的脚本语言。下面是一个典型的在同一.asp文件中使用两种脚本语言的例子：

```
<html>
  <body>
```

```
    <table>
      <% Call Callme %>
    </table>
      <% Call ViewDate %>
   </body>
 </html>
<! --用 VBScrip 编写的分行显示"Call"、"Me"的函数 -->
<Script Languaue =VBScript RunAt =Server>
  Sub Callme
    Response. Write"<tr> <td>Call</td> <td>Me</td> </tr>"
  End Sub
</Script>
<! --用 JavaScrip 编写的显示当前时间的函数 -->
<Script Languaue =JScript RunAt =Server>
function ViewDate()
{
 var x
 x=new Date()
 Response.Write(x.toString())
}
</Script>
```

12. 浏览器与服务器之间的信息传递

Active Server Pages 提供了可在脚本中使用的内建对象。这些对象使用户更容易收集通过浏览器请求发送的信息、响应浏览器以及存储用户信息。常用的内建对象有：Request 对象、Response 对象、Server 对象、Application 和 Session 对象。

（1）Request 对象

通过 Request 对象可以访问任何基于 HTTP 请求传递的所有信息，包括从 HTML 表格用 POST 方法或 GET 方法传递的参数、cookie 和用户认证。Request 对象的使用方法如下：

```
Request[. 集合 | 属性 | 方法](变量)
```

（2）Response 对象

Response 对象是用于响应客户端的请求，将结果信息传递给用户，包括直接发送信息给浏览器、重定向浏览器到另一个 URL 或设置 cookie 的值。Response 对象的使用方法如下：

```
Response. 集合 | 属性 | 方法
```

（3）Server 对象

Server 对象提供对服务器上的方法和属性的访问，其中大多数方法和属性是为实用程序的功能服务的。可以在服务器上启动 ActiveX 对象例程，并使用 Active Server 服务提供像 HTML 和 URL 编码这样的函数。Server 对象的使用方法如下：

```
Server. 集合 | 属性 | 方法
```

在访问数据库和访问文件时，都要使用 Server 对象的 CreateObject 方法，在客户端创建一个 ActiveX 控件，ActiveX 控件包括所有 ASP 内置组件，如数据库存取组件、文件存取组件等。

（4）Application 和 Session 对象

使用 Application 对象，可以在给定的应用程序的所有用户之间共享信息，并在服务器运行期间持久的保存数据。而且，Application 对象还有控制访问应用层数据的方法和可用于在应用程序启动和停止时触发过程的事件。Application 对象的使用方法如下：

```
Application("属性/集合名称")=值
```

Session 对象用于存储特定的用户会话所需的信息。当用户在应用程序的页之间跳转时，存储在 Session 对象中的变量不会清除，而用户在应用程序中访问页面时，这些变量始终存在。当用户请求来自应用程序的 Web 页时，如果该用户还没有会话，则 Web 服务器将为该用户自动创建一个 Session 对象。当会话过期或被放弃后，服务器将终止该会话。

13. ADO 访问技术

ADO 是 Microsoft 为最新和最强大的数据访问范例 OLE DB 而设计的，屏蔽了底层数据库接口之间的差异，是一个便于使用的应用程序层接口。ADO 使应用程序能够通过 OLE DB 提供者访问和操作数据库服务器中的数据。ADO 最主要的优点是速度快，使用方便，省略了很多细节。ADO 在关键的应用方案中使用最少的网络流量，并且在前端和数据源之间使用最少的层数，所有这些都是为了提供轻量、高性能的接口。

OLE DB 是一组"组件对象模型"（COM）接口，是新的数据库低层接口，它封装了 ODBC 的功能，并以统一的方式访问存储在不同信息源中的数据。OLE DB 为任何数据源（包括关系和非关系数据库、电子邮件和文件系统、文本和图形、自定义业务对象等）提供了高性能的访问。OLE DB 应用程序编程接口的目的是为各种应用程序提供最佳的功能，它并不符合简单化的要求。ActiveX Data Objects（ADO）则是一座连接应用程序和 OLE DB 的桥梁。

14. ASP 与数据库的连接

ASP 使用 ADO 技术和后台数据库连接。通过 ADO 和 SQL 语句，ASP 可以方便地访问 SQL Server 2000 数据库。

ADO 包含 7 个内置对象，它们分别为 Connection、Command、RecordSet、Fields、Error、Parameters 和 Properties。通过这些对象，ASP 可以完成对后台数据库的所有操作。

从一个 ASP 页面内部访问数据库的通常的方法是：

1）创建一个到数据库的 ADO 连接；

2）打开数据库连接；

3）创建 ADO 结果集；

4）从结果集提取需要的数据；

5）关闭结果集；

6）关闭连接。

15. 与数据库交换数据的实例

假设在数据库服务器 S_N 上有一个名为"library"的数据库，其中用户表"T_users"的字段有：Name（用户名）、UserType（用户类型：职工、客户等）和 passwords（用户密码）。

要实现的功能为：根据用户提供的用户名和密码，查找到该用户，并提供修改密码的功能。界面如图 6-25 所示。

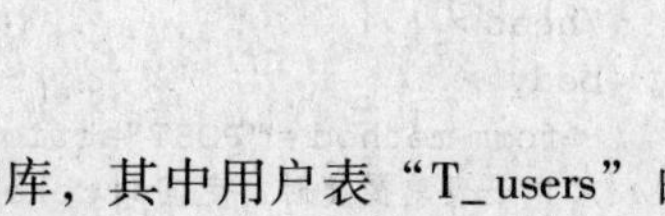

（1）用 HTML 访问 SQL Server 数据库

页面文件如下：

图 6-25 要实现的修改密码界面

```
<%
dim username
dim newpassword, renewpassword
if Request.QueryString("action1")="login" then
'登录：检测 T1、T2、T3 文本框中是否为空及 T2 和 T3 内容是否一致，
'      若为空或不一致，则给出提示。
  if trim(request.form("T1"))=empty then
```

```
    call msgbox("请输入用户名","Back","None")
  elseif trim(request.form("T2"))=empty then
    call msgbox("请输入新密码","Back","None")
  elseif trim(request.form("T3"))=empty then
    call msgbox("请确认新密码","Back","None")
  elseif trim(request("T2"))< >trim(request("T3"))then
    call msgbox("新密码和确认密码不一致","Back","None")
  else
'提取用户名和新密码
    username=trim(request.form("T1"))
    newpassword=trim(request.form("T2"))
'创建连接
    set dataconn=server.createobject("ADODB.Connection")
'打开连接，其中S_N为数据库服务器名，也可用其IP地址；用户名为sa；密码为空
    dataconn.open"driver={SQL Server};Server=S_N;UID=sa;PWD=;Database=library"
    set rs=server.createobject("ADODB.Recordset") '建立结果集对象
'在T_users表中查询是否有该用户
    rs.Open"Select* from T_users where name='"&username&"'",Dataconn,1,3
    if not rs.bof and nor rs.eof then        '如果有
      rs("passwords")=newpassword            '修改密码
      rs.update                              '更新记录
    else                                     '如果没有，给出提示信息
      call msgbox("该用户不存在!","Back","None")
    end if
      rs.Close                              '撤销记录集对象
      set rs=nothing
      dataconn.Close                        '关闭连接
      set dataconn.=nothing                 '撤销连接
    end if
  end if
% >
<html>
<head>
  <meta http-equiv="Content-Language"content="zh-cn">
  <meta http-equiv="Content-Type"content="text/html;charset=gb2312">
  <meta name="GENERATOR"content="Microsoft FrontPage 6.0">
  <meta name="ProgId"content="FrontPage.Editor.Document">
  <title>修改密码</title>
  <base target="bottom">
</head>
<body>
  <form method="POST"action="rekey.asp?action1=login">
  <!—表单提交时，定向到rekey.asp,action1的值为login -->
  <table border="0"width="100%"height="156">
  <tr>
    <td width="24%">     用户名：</td>
    <td width="75%">
      <input type="password"name="T1"size="21"onFocus="this.Select();"></td>
  </tr>
  <tr>
    <td width="24%">     原密码：</td>
    <td width="75%">
      <input type="password"name="T2"size="21"onFocus="this.Select();"></td>
  </tr>
  <tr>
    <td width="24%">     新密码：</td>
    <td width="75%">
      <input type="password"name="T3"size="21"onFocus="this.Select();"></td>
```

```
        </tr>
        <tr>
          <td width="24%">     确认新密码: </td>
          <td width="75%">
            <input type="password"name="T4"size="21"onFocus="this.Select();"></td>
          </tr>
      </table>
        <p>      
          <input type="submit"value="确定"name="Submit0"onClick="return confirm('您确定进行
          修改密码操作吗?')">     
            <input type="reset"value="重写"name="B2"tabindex="2">   
<input type="button"value="关闭"onclick="javascript: window.close()"></p>
        </form>
        </body>
        </html>
```

以上代码中涉及的函数为:

```
Sub MsgBox(str, stype, url) '弹出信息提示对话框, 并重新定向
  response.write"<script language=javascript>"
  response.write"alert('"&str&"');"
  Select case stype
    case"Back"
      response.write"history.go(-1);"'返回到前一窗口
    case"GoUrl"
      response.write"window.location='"&url&"'"'窗口重新定向到指定的地址
    case"Close"
      response.write"window.close()"'关闭窗口
    end Select
    response.write"</script>"
End Sub

Sub goback() '关闭窗口
  response.write"<script language=javascript>"
  response.write"window.close()"
  response.write"</script>"
End Sub
```

(2) 用 XML 访问 SQL Server 数据库

1) 在 library 数据库中创建如下存储过程:

```
CREATE Procedure sp_update_T_users @pwd ntext
As
Declare @hdoc int
 --为以文本参数形式传递的 XML 文档创建文档句柄@hdoc
Execute sp_xml_preparedocument @hdoc OUTPUT, @pwd

 --通过 OPENXML 提供 XML 文档上的行集, 将 XML 文档中的数据转换到临时表 Temp 中
select Name, Password into Temp from OPENXML(@hdoc, 'T_users') with T_users

 --更新指定用户的密码
Update T_users set Password=temp.Password from T_users, Temp
where ltrim(T_users.Name)=ltrim(Temp.Name)

 --删除临时表 Temp
drop Table Temp
 --撤销 XML 文档所占用的空间
Execute sp_xml_removedocument @hdoc
GO
```

2) 在 IIS 虚拟目录 chang 的模板子目录下创建下面的模板, 保存为 "updateT_users.xml":

```
<! -- 参数为 XML 文档
<root xmlns: sql ="urn: schmas -microsoft -com: xml -sql">
  <sql: header>
    <sql: param name ="pwd"> <T_users/> </sql: param>
  </sql: header>
<! -- 调用以 XML 文档为文本参数的存储过程
  <sql: query>
    Execute sp_update_T_users @ pwd
  </sql: query>
</root>
```

3）页面文件如下：

```
<html>
<head>
<title>修改密码</title>
</head>
<body>
< form name ="form1" method ="POST"
     action ="http: //localhost/chang/template/updateT_users. xml">
<! --表单提交时，定向到 http: //localhost/chang/template/updateT_users. xml -->
< input type ="hidden" id ="T" name ="pwd">
< input type ="hidden" name ="contenttype" value ="text/xml">

<p>   用户名:       < input type ="text"id =Name> </p>
<p>   新密码:       < input type ="password"id =Password> </
p>
<p>   确认新密码: < input type ="password"id =Password1 > </p>

<! --对确定按钮设置，点击时，调用 checkv 函数进行检测，为 XML 模板准备 XML 文档 参数 -->
<p> < input type ="submit"value ="确定"
 onclick ="checkv(T, Name, Password, Password1)">       
 < input type ="reset"value ="重写"name ="B2"tabindex ="2">       
 < input type ="button"value ="关闭"onclick ="javascript: window. close()"> </p>
' checkv 函数
' 功能: 检测表单中的用户名是否有内容，及新密码与确认密码是否一致
' 如果有内容，且新密码与确认密码一致，为 updateT_users. xml 准备传递数据
< script language ="javascript">
function checkv(T, Name, Password, Password1)
{
  if(form1. Name. value. length = =0)
  {
    alert("请填写用户名!");
    form1. Name. focus(); ' 重新定位到用户名输入
    return false;
  }
  else if(form1. Password. value! = form1. Password1. value)
  {
    alert("密码不一致!");
    form1. Password. focus(); ' 重新定位到密码输入
    return false;
  }
  else
  {
  ' 为 updateT_users. xml 准备要传递的数据
  T. value ="<T_users Name = \"" +Name. value +" \"Password = \"" +Password. value +" \"/ >";
  }
}
</script>

</form>
</body>
</html>
```

6.3.2　实验内容与要求

1. 实验目的与要求

1）了解 B/S 结构的应用系统设计与实现的全过程。

2）学会开发工具与数据库互联的方法。

3）能通过网页操纵数据库。

2. 实验内容

图书销售管理系统的设计与实现。

3. 实验环境要求

1）服务器端：SQL Server 2000 + IIS。

2）客户端：网页制作工具 + 浏览器。

3）服务器端与客户端网络互联。

4. 本实验必须具备的预备知识

除了本节知识准备中的内容外，还应掌握网站的建设、网页制作、VBScript 和 JavaScript 脚本语言的使用。如果条件不具备，本实验可以不做。

6.3.3　实验任务

1. 创建与维护数据库

根据"图书销售管理的数据库设计"得到数据库逻辑设计说明书，在 SQL Server 2000 中创建图书销售数据库（library），建立所有的表、设置约束，并准备好部分数据（**注意**：各表中的数据必须符合约束规则）。

2. 建立图书销售网站

通过该实验任务，掌握网站建设，网页制作及 VBScript 和 JavaSoript 脚本语言的使用。

3. 开发 Web 环境下的数据库应用程序

（1）划分应用程序的功能模块

图书销售管理系统可以由五个模块组成，各模块的功能如下：

1）图书销售模块，包括以下功能：

- 图书零售：一般顾客零售和会员零售。
- 图书退货。

2）图书管理模块，包括以下功能：

- 新书编目：为新进的图书编目。
- 图书的查找与管理：包括查找（可实现按 ISBN、书名、出版社查找）、图书修改、图书进货、图书退货。
- 出版社管理。

3）会员管理模块，包括以下功能：

- 会员添加：添加新的会员，同时登记会员的基本信息、有效期等等。
- 会员查找：提供会员编号、身份证号、会员姓名等复合查询方式。
- 会员删除：删除已存在的会员。
- 会员信息修改：对会员的基本资料进行修改。

4）用户管理模块，包括以下功能：

- 用户添加：添加新的用户，同时设置用户的密码、权限等。

- 用户查找：提供用户名、用户权限等方式复合查询。
- 用户删除：删除已存在的会员。
- 用户信息修改：对用户的权限修改、初始化用户密码。

5）数据管理模块，包括以下功能：

- 数据备份。
- 数据恢复。

要求：列出各子功能模块所涉及到的表，并说明对表所做的操作。

（2）Web 应用程序的实现

1）设计系统主界面（含用户登录功能）。实现不同的用户在登录后，进入各自的页面。

2）设计图书销售页面。

3）设计图书管理页面。

4）设计会员管理页面。

5）设计用户管理页面。

6）设计数据管理页面。

主界面如图 6-26 所示：

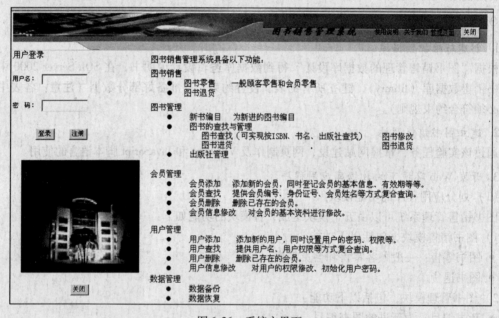

图 6-26　系统主界面

要求：每位同学完成系统主界面和任选一个其他页面及相应功能实现的设计工作；将自己设计的系统发布到自建的网站中，并将系统主界面设置为网站的首页，用户在首页登录进入自己设计的页面；能实现对数据库中数据的访问和修改工作。

第三篇 习题与解析

本篇收集了大量习题，覆盖了数据库理论、数据库管理系统和数据库操作与应用的广泛领域，供学生增强理论知识的学习。

为了配合《数据库技术原理与应用教程》主教材，便于学生复习、巩固已学数据库技术的基本知识和基本理论，提高学习效率，本篇的"习题"和"解析"两章，每章均分为三节：数据库基础知识、数据库操作和数据库应用，与主教材的基础篇、操作篇和开发应用篇对应。在最后一章"复习自测题"中给出了两套笔试模拟试题，以便学生检测自己的学习情况，或作为考试前的模拟练习。

附录中，为主教材和本篇中的习题及笔试模拟试题配有参考答案。

第7章 习 题

为了便于学生巩固学过的知识，本章给出了一定数量的习题供学生练习。

7.1 数据库基础知识习题

一、单项选择题

(1) 数据管理技术经历了人工管理、_____三个阶级。

①DBMS ②文件系统 ③网状系统 ④数据库系统 ⑤关系系统

A. ③和⑤   B. ②和③   C. ①和④   D. ②和④

(2) 在人工管理阶段，数据是_____。

A. 无结构的   B. 有结构的

C. 整体无结构，记录内有结构   D. 整体结构化的

(3) 在文件系统阶段，数据_____。

A. 无独立性   B. 独立性差   C. 具有物理独立性   D. 具有逻辑独立性

(4) 数据库系统阶段，数据_____。

A. 具有物理独立性，没有逻辑独立性   B. 具有物理独立性和逻辑独立性

C. 独立性差

D. 具有高度的物理独立性和一定程度的逻辑独立性

(5) 文件系统与数据库系统的本质区别是_____。

A. 数据共享   B. 数据独立   C. 数据结构化   D. 数据冗余

(6) _____是长期存储在计算机内的有组织、可共享的数据集合。

A. 数据库管理系统   B. 数据库系统   C. 数据库   D. 文件组织

(7) _____是位于用户与操作系统之间的一层数据管理软件。

A. 数据库系统   B. 数据库管理系统   C. 数据库   D. 数据库应用系统

(8) 数据库系统不仅包括数据库本身，还要包括相应的硬件、软件和_____。

A. 数据库管理系统   B. 数据库应用系统   C. 数据库应用系统   D. 各类相关人员

(9) 在数据库中存储的是_____。

A. 数据   B. 数据模型

　　　C. 数据以及数据之间的关系　　　　　　　　D. 信息

（10）_____属于信息世界的模型，实际上是现实世界到机器世界的一个中间层次。

　　　A. 数据模型　　　　　B. 概念模型　　　　　C. E-R 图　　　　　D. 关系模型

（11）DB 的三级模式结构中最接近用户的是_____。

　　　A. 内模式　　　　　　B. 外模式　　　　　　C. 概念模式　　　　D. 用户模式

（12）在数据库的三级模式结构中，描述数据库中全体数据的全局逻辑结构和特征的是_____。

　　　A. 内模式　　　　　　B. 外模式　　　　　　C. 概念模式　　　　D. 用户模式

（13）数据库系统的数据独立性是指_____。

　　　A. 不会因为数据的变化而影响应用程序

　　　B. 不会因为系统数据存储结构与数据逻辑结构的变化而影响应用程序

　　　C. 不会因为存储策略的变化而影响存储结构

　　　D. 不会因为某些存储结构的变化而影响其他的存储结构

（14）在数据管理技术的发展过程中，经历了人工管理阶段、文件系统阶段和数据库系统阶段。
　　　在这几个阶段中、数据独立性最高的是_____阶段。

　　　A. 数据库系统　　　　B. 文件系统　　　　　C. 人工管理　　　　D. 数据项管理

（15）实体是信息世界中的术语，与之对应的数据库术语为_____。

　　　A. 文件　　　　　　　B. 数据库　　　　　　C. 字段　　　　　　D. 记录

（16）在关系数据库设计中用_____来表示实体及实体之间的联系。

　　　A. 树结构　　　　　　B. 封装结构　　　　　C. 二维表结构　　　D. 图结构

（17）若关系中的某一属性组的值能唯一地标识一个元组，则称该属性组为_____。

　　　A. 主键　　　　　　　B. 候选键　　　　　　C. 主属性　　　　　D. 外键

（18）对于学生选课—课程的三个关系：

```
S(S#, SNAME, SEX, AGE)
SC(S#, C#, GRADE)
C(C#, CNAME, TEACHER)
```

　　　为了提高查询速度，对 SC 表创建唯一索引，应建_____个组上。

　　　A.（S#, C#）　　　　　B. S#　　　　　　　　C. C#　　　　　　　D. GRADE

（19）同一个关系模型的任两个元组值_____。

　　　A. 不能全同　　　　　B. 可全同　　　　　　C. 必须全同　　　　D. 以上都不是

（20）关系模式的任何属性_____。

　　　A. 不可再分　　　　　　　　　　　　　　　　B. 可再分

　　　C. 命名在该关系模式中可以不唯一　　　　　　D. 以上都不是

（21）在关系模式中，视图是三级模式结构中的_____。

　　　A. 内模式　　　　　　B. 外模式　　　　　　C. 概念模式　　　　D. 用户模式

（22）对关系模型叙述错误的是_____。

　　　A. 建立在严格的数学理论、集合论和谓词演算公式的基础之上

　　　B. 微机 DBMS 绝大部分采取关系数据模型

　　　C. 二维表表示关系模型是其一大特点

　　　D. 不具有连接操作的 DBMS 也可以是关系数据库系统

（23）对 DB 中数据的操作分为两大类_____。

　　　A. 查询和更新　　　　B. 检索和修改　　　　C. 查询和修改　　　D. 插入和删除

（24）在关系代数运算中，五种基本运算为_____。

　　　A. 并、差、选择、投影、自然连接　　　　　B. 并、差、交、选择、投影

　　　C. 并、差、选择、投影、乘积　　　　　　　D. 并、差、交、选择、乘积

（25）关系运算中花费时间最长的运算是_____。

A. 投影　　　　　　　B. 选择　　　　　　　C. 笛卡儿积　　　　　　D. 自然连接

(26) 设有下表所示的关系 R，经操作 $\Pi_{A,B}$（$\sigma_{B='b'}$）（Π 为"投影"运算符，σ 为"选择"运算符）的运算结果是_____。

关系 R 如下表：

A	B	C
a	b	c
d	a	f
c	b	d

A.

A	B	C
a	b	c
c	b	d

B.

A	C
a	c
c	d

C.

A	B
a	b
c	b

D.

A	B
a	b
d	a

(27) 如下表所示，有两个关系 R1 和 R2，它们进行_____运算后得到 R3。

R1

A	B	C
a	1	x
c	2	y
b	3	y

R2

D	E	M
1	m	i
2	n	j
5	m	k

R3

A	B	C	E	M
a	1	x	m	i
c	2	y	n	j
b	3	y	m	i

A. 交　　　　　　　B. 并　　　　　　　C. 笛卡儿积　　　　　　D. 连接

(28) 设有关系 R 和 S 的属性个数分别为 2 和 3，$R\underset{1<2}{\bowtie}S$ 则等价于_____。

A. $\sigma_{1<2}$（$R\times S$）　　B. $\sigma_{1<4}$（$R\times S$）　　C. $\sigma_{1<2}$（$R\bowtie S$）　　D. $\sigma_{1<4}$（$R\bowtie S$）

(29) SQL 语言具有_____的功能。

A. 关系规范化、数据操纵、数据控制　　　　B. 数据定义、数据操纵、数据控制
C. 数据定义、关系规范化、数据控制　　　　D. 数据定义、关系规范化、数据操纵

(30) SQL 语言的数据操纵语句包括 SELECT，INSERT，UPDATE 和 DELETE，最重要的，也是使用最频繁的语句是_____。

A. SELECT　　　　　　B. INSERT　　　　　　C. UPDATE　　　　　　D. DELETE

(31) SQL 语言集数据查询、数据操作、数据定义和数据控制功能于一体，语句 INSERT、DELETE、UPDATE 实现下列哪类功能_____。

A. 数据查询　　　　　　B. 数据操纵　　　　　　C. 数据定义　　　　　　D. 数据控制

(32) 在 SQL 中，与关系代数中的投影运算对应的子句是_____。

A. SELECT　　　　　　B. FROM　　　　　　C. WHERE　　　　　　D. ORDER BY

(33) SELECT 语句执行的结果是_____。

A. 数据项　　　　　　B. 元组　　　　　　C. 表　　　　　　D. 数据库

(34) 在 SQL 中，对嵌套查询的处理原则是_____。

A. 从外层向内层处理　　　　　　　　B. 从内层向外层处理
C. 内、外层同时处理　　　　　　　　D. 内、外层交替处理

(35) 在关系数据库系统中，为了简化用户的查询操作，而又不增加数据的存储空间，常用的方法是创建_____。

A. 另一个表　　　　　　B. 游标　　　　　　C. 视图　　　　　　D. 索引

(36) 为了对表中的各行进行快速访问，应对此表建立_____。

A. 约束　　　　　　B. 规则　　　　　　C. 索引　　　　　　D. 视图

第 37~39 题基于这样的三个表：即学生表 S、课程表 C 和学生选课表 SC，它们的结构如下：

```
S(S#, SN, SEX, AGE, DEPT)
C(C#, CN)
SC(S#, C#, GRADE)
```

其中：S#为学号，SN 为姓名，SEX 为性别，AGE 为年龄，DEPT 为系别，C#为课程号，CN 为课程名，GRADE 为成绩。

（37）检索所有比"王华"年龄大的学生姓名、年龄和性别。正确的 SELECT 语句是____。

```
A. SELECT SN, AGE, SEX
   FROM S
   WHERE SN = '王华'
B. SELECT SN, AGE, SEX
   FROM S
   WHERE AGE > (SELECT AGE FROM S
                WHERE SN = '王华')
C. SELECT SN, AGE, SEX
   FROM S
   WHERE AGE < (SELECT AGE FROM S
                WHERE SN = '王华')
D. SELECT SN, AGE, SEX
   FROM S
   WHERE AGE > 王华.AGE
```

（38）检索选修课程"C2"的学生中成绩最高的学生的学号。正确的 SELECT 语句是____。

```
A. SELECT S#
   FROM SC
   WHERE C# = 'C2' AND GRADE > = (SELECT GRADE
                                  FROM SC
                                  WHERE C# = 'C2')
B. SELECT S#
   FROM SC
   WHERE C# = 'C2' AND GRADE IN (SELECT GRADE
                                 FROM SC
                                 WHERE C# = 'C2')
C. SELECT S#
   FROM SC
   WHERE C# = 'C2' AND GRADE NOT IN (SELECT GRADE
                                     FROM SC
                                     WHERE C# = 'C2')
D. SELECT S#
   FROM SC
   WHERE C# = 'C2' AND GRADE > = ALL (SELECT GRADE
                                      FROM SC
                                      WHERE C# = 'C2')
```

（39）检索学生姓名及其所选修课程的课程号和成绩。正确的 SELECT 语句是_____。

```
A. SELECT S.SN, SC.C#, SC.GRADE
   FROM S
   WHERE S.S# = SC.S#
```

B. SELECT S. SN, SC. C#, SC. GRADE

   FROM SC

   WHERE S. S# = SC. GRADE

C. SELECT S. SN, SC. C#, SC. GRADE

   FROM S, SC

   WHERE S. S# = SC. S#

D. SELECT S. SN, SC. C#, SC. GRADE

   FROM S. SC

(40) _____由数据结构、关系操作集合和完整性约束三部分组成。

   A. 关系模型　　　　　B. 关系　　　　　C. 关系模式　　　　　D. 关系数据库

(41) 下面哪个不是数据库系统必须提供的数据控制功能_____。

   A. 安全性　　　　　B. 可移植性　　　　　C. 完整性　　　　　D. 并发控制

(42) 数据库的完整性是指数据的_____。

   ①正确性　②合法性　③不被非法存取　④相容性　⑤不被恶意破坏

   A. ①和③　　　　　B. ②和⑤　　　　　C. ①和④　　　　　D. ②和④

(43) 保护数据库，防止未经授权的或不合法的使用造成的数据泄漏、更改破坏。这是指数据的

   _____。

   A. 完整性　　　　　B. 安全性　　　　　C. 并发控制　　　　　D. 恢复

(44) 数据库的_____是指数据的正确性和相容性。

   A. 安全性　　　　　B. 完整性　　　　　C. 并发控制　　　　　D. 恢复

(45) 在数据系统中，对存取权限的定义称为_____。

   A. 命令　　　　　B. 授权　　　　　C. 定义　　　　　D. 审计

(46) 下述哪一个 SQL 语句用于实现数据存储的权限机制_____。

   A. COMMIT　　　　　B. ROLLBACK　　　　　C. GRANT　　　　　D. CREATE TABLE

(47) 数据库管理系统通常提供授权功能来控制不同用户访问数据的权限，这主要是为了实现数据库的_____。

   A. 可靠性　　　　　B. 一致性　　　　　C. 完整性　　　　　D. 安全性

(48) 事务是数据库进行的基本工作单位。如果一个事务执行成功，则全部更新提交；如果一个事务执行失败，则已做过的更新被恢复原状，好像整个事务从未有过这些更新，这样保持了数据库处于_____状态。

   A. 可靠性　　　　　B. 一致性　　　　　C. 完整性　　　　　D. 安全性

(49) 在数据库操作过程中事务处理是一个操作序列，必须具有以下性质：原子性、一致性、隔离性和_____。

   A. 共享性　　　　　B. 继承性　　　　　C. 持久性　　　　　D. 封装性

(50) 事务的原子性是指_____。

   A. 事务一旦提交，对数据库的改变是永久的

   B. 事务中包括的所有操作要么都做，要么都不做

   C. 一个事务内部的操作及使用的数据对并发的其他事务是隔离的

   D. 事务必须是使数据库从一个一致性状态变到另一个一致性状态

(51) 事务的持续性是指_____。

   A. 事务一旦提交，对数据库的改变是永久的

   B. 事务中包括的所有操作要么都做，要么都不做

   C. 一个事务内部的操作及使用的数据对并发的其他事务是隔离的

   D. 事务必须是使数据库从一个一致性状态转变到另一个一致性状态

（52）在 DBMS 中，实现事务持久性的子系统是_____。

A. 恢复管理子系统　　　B. 完整性管理子系统　　C. 并发控制子系统　　　D. 安全管理子系统

（53）数据库中的封锁机制是_____的主要方法。

A. 安全性　　　　　　　B. 完整性　　　　　　　C. 并发控制　　　　　　D. 恢复

（54）关于"死锁"，下列说法中正确的是_____。

A. 死锁是操作系统中的问题，数据库操作中不存在

B. 在数据库操作中防止死锁的方法是禁止两个用户同时操作数据库

C. 当两个用户竞争相同资源时不会发生死锁

D. 只有出现并发操作时，才有可能出现死锁

（55）对并发操作若不加以控制，可能会带来_____问题。

A. 不安全　　　　　　　B. 死锁　　　　　　　　C. 死机　　　　　　　　D. 不一致

（56）若数据库中只包含成功事务提交的结果，则此数据库就称为处于_____状态。

A. 安全　　　　　　　　B. 一致　　　　　　　　C. 不安全　　　　　　　D. 不一致

（57）若系统在运行过程中，由于某种原因，造成系统停止运行，致使事务在执行过程中以非控制方式终止，这时内存中的信息丢失，而存储在外存上的数据未受影响，这种情况称为_____。

A. 事务故障　　　　　　B. 系统故障　　　　　　C. 介质故障　　　　　　D. 运行故障

（58）若系统在运行过程中，由于某种硬件故障，使存储在外存上的数据部分损失或全部损失，这种情况称为_____。

A. 事务故障　　　　　　B. 系统故障　　　　　　C. 介质故障　　　　　　D. 运行故障

（59）日志文件是用于记录_____。

A. 对数据的所有更新操作　　　　　　　B. 数据操作

C. 程序运行过程　　　　　　　　　　　D. 程序执行的结果

（60）后备副本的主要用途是_____。

A. 数据转储　　　　　　B. 历史档案　　　　　　C. 故障恢复　　　　　　D. 安全性控制

（61）数据库恢复的重要依据是_____。

A. DBA　　　　　　　　B. 数据字典　　　　　　C. 文档　　　　　　　　D. 事务日志

（62）在数据库的安全性控制中，为了保证用户只能存取他有权存取的数据。在授权的定义中，数据对象的_____，授权子系统就越灵活。

A. 范围越大　　　　　　B. 范围越小　　　　　　C. 约束越细致　　　　　D. 范围越适中

二、填空题

（1）数据管理技术经历了　①　、　②　和　③　三个阶段。

（2）数据库系统一般是由　①　、　②　、　③　、　④　和　⑤　组成。

（3）数据库是长期存储在计算机内、有　①　的、可　②　的数据集合。

（4）DBMS 是指　①　，它是位于　②　和　③　之间的一层管理软件。

（5）数据库管理系统的主要功能有　①　、　②　、数据库的运行管理和数据库的建立以及维护等四个方面。

（6）数据独立性是指　①　与　②　是相互独立的。

（7）关系数据库是采用_____作为数据的组织方式。

（8）现实世界的事物反映到人的头脑中经过思维加工成数据，这一过程要经过三个领域，依次是　①　、　②　和　③　。

（9）实体之间的联系可抽象为三类，它们是　①　、　②　和　③　。

（10）数据模型通常由　①　、　②　和　③　三部分组成。

（11）对现实世界进行第一层抽象的模型，称为　①　模型，对现实世界进行第二层抽象的模型，称为　②　模型。

（12）由_____全面负责控制和管理数据库系统。

（13）数据库的三级模式结构是对_____的三个抽象级别。

（14）DBMS 的主要目标，是使数据作为一种_____来处理。

（15）要想成功的运转数据库，就要在数据处理部门配备_____。

（16）关系操作的特点是_____操作。

（17）一个关系模式的定义格式为_____。

（18）已知系（系编号，系名称，系主任，电话，地点）和学生（学号，姓名，性别，入学日期，专业，系编号）两个关系，系关系的主键是__①__，系关系的外键是__②__，学生关系的主键是__③__，外键是__④__。

（19）SQL 是_____。

（20）设有如下关系表 R：

R（NO，NAME，SEX，AGE，CLASS）

主键是 NO。其中 NO 为学号，NAME 为姓名，SEX 为性别，AGE 为年龄，CLASS 为班号。写出实现下列功能的 SQL 语句。

1）插入一个记录（25，'李明'，'男'，21，'05031'）__①__。

2）插入"05031"班学号为 30、姓名为"郑和"的学生记录__②__。

3）将学号为 10 的学生姓名改为"王华"__③__。

4）将所有"05101"班号改为"05091"__④__。

5）删除学号为 20 的学生记录__⑤__。

6）删除姓"王"的学生记录__⑥__。

（21）关系规范化的目的是_____。

（22）对于非规范化的模式，经过属性单一化形成__①__，将 1NF 经过__②__转变为 2NF，将 2NF 经过__③__转变为 3NF。

（23）在关系规范化理论中，在执行分解时，必须遵守规范化原则：保持原有的__①__和__②__。

（24）数据库管理系统能实现的功能包括__①__、__②__、__③__和__④__。

（25）关系数据库管理系统中的数据控制分为静态控制与动态控制，其中静态控制是对数据模式的语义控制，包括__①__与__②__；动态控制是对数据操纵的控制，包括__③__和__④__。

（26）_____是保证对数据库进行正确访问，并防止对数据库的非法访问。

（27）在关系数据库中，实现数据完整性控制必须有__①__、__②__和__③__三个基本功能。

（28）关系数据库完整性规则是由__①__、__②__和__③__三部分内容组成的。

（29）事务的 ACID 性质指的是事务具有__①__、__②__、__③__和__④__四个特性。

（30）数据库故障恢复技术所采用的主要手段是__①__和__②__。

（31）当数据库发生故障后，为恢复数据库中的数据，可采用__①__、__②__和__③__三种技术。

（32）数据交换是数据主体与数据客体间进行数据交互的过程。其中数据主体是__①__，数据客体是__②__。

（33）_____是用于将数据库中的集合量逐一转换成应用程序中的标量。

（34）使用游标，必须先__①__，然后__②__，通过__③__使用游标，处理数据，当游标使用结束后必须__④__。

（35）数据交换是一个按步骤进行的过程，依次为：__①__、__②__、__③__和__④__。

三、简答题

（1）数据管理技术的主要任务和目的是什么？

（2）什么是数据库？

（3）什么是数据库的数据独立性？

（4）数据库管理系统有哪些功能？

（5）简要叙述关系数据库的优点。

（6）试述 DBS 的三级模式结构，这种结构的优点是什么？

（7）试述 DBS 的组成。

（8）什么叫数据与程序的物理独立性和逻辑独立性，为什么数据库系统具有数据与程序的独立性？

（9）简述过程性语言和非过程性语言的主要区别。

（10）定义并理解下列术语，说明它们之间的联系与区别：

    1）域、笛卡儿积、关系、元组、属性。

    2）主键、候选键、外键。

    3）关系模式、关系、关系数据库。

（11）数据库恢复的基本技术有哪些？

（12）什么是数据不一致？产生数据不一致的原因是什么？如何维护数据库的一致性？

（13）什么是数据字典？数据字典包含哪些基本内容？

（14）叙述数据字典的主要任务和作用。

四、综合题

（1）学校有若干个系，每个系有各自的系号、系名和系主任；每个系有若干名教师和学生，教师有教师号、教师名和职称属性，每个教师可以担任若干门课程，一门课程只能由一位教师讲授，课程有课程号、课程名和学分，教师可参加多项项目，一个项目有多人合作，且按照责任轻重有个排名，项目有项目号、名称和负责人；学生有学号、姓名、年龄、性别，每个学生可以同时选修多门课程，选修有分数。

请设计此学校的教学管理的 E-R 模型。

（2）设有如下表所示的三个关系 S、C 和 SC。试用关系代数表达式表示下列查询语句：

S

S#	SNAME	AGE	SEX
1	李强	23	男
2	刘丽	22	女
5	张友	22	男

C

C#	CNAME	TEACHER
K1	C 语言	王华
K5	数据库原理	程军
K8	编译原理	程军

SC

S#	C#	GRADE	S#	C#	GRADE
1	K1	83	2	K5	90
2	K1	85	5	K5	84
5	K1	92	5	K8	80

1）检索"程军"老师所授课程的课程号（C#）和课程名（CNAME）。

2）检索年龄大于 21 岁男学生的学号（S#）和姓名（SNAME）。

3）检索"李强"同学不学课程的课程号（C#）。

4）检索选修课程包含"程军"老师所授课程之一的学生学号（S#）。

5）检索选修课程名为"C 语言"的学生学号（S#）和姓名（SNAME）。

（3）问题描述：为管理岗位的业务培训信息建立三个表：

S(S#,SN,SD,SA)：S#,SN,SD,SA 分别代表学号、学员姓名、所属单位、学员年龄

C(C#,CN)：C#,CN 分别代表课程编号、课程名称

SC(S#,C#,G)：S#,C#,G 分别代表学号、所选修的课程编号、学习成绩

1）使用标准 SQL 嵌套语句查询选修课程名称为"计算机基础"的学员学号和姓名。

2）使用标准 SQL 嵌套语句查询选修课程编号为"C2"的学员姓名和所属单位。

3）使用标准 SQL 嵌套语句查询不选修课程编号为"C5"的学员姓名和所属单位。

4）使用标准 SQL 嵌套语句查询选修全部课程的学员姓名和所属单位。

5）查询选修了课程的学员人数。

6）查询选修课程超过五门的学员学号和所属单位。

7.2 数据库操作习题

一、单项选择题

(1) SQLServer 2000 数据库的数据模型是_____。

　　A. 层次模型　　　　　　B. 网状模型　　　　　　C. 关系模型　　　　　　D. 对象模型

(2) SQLServer 2000 用于操作和管理系统的是_____。

　　A. 系统数据库　　　　　B. 日志数据库　　　　　C. 用户数据库　　　　　D. 逻辑数据库

(3) 下列四项中，不属于 SQL Server 2000 实用程序的是_____。

　　A. 企业管理器　　　　　B. 查询分析器　　　　　C. 服务管理器　　　　　D. 媒体播放器

(4) SQL Server 2000 安装程序创建四个系统数据库，下列哪个不是系统数据库_____。

　　A. master　　　　　　　B. model　　　　　　　C. pub　　　　　　　　D. msdb

(5) 下列四项中，不正确的提法是_____。

　　A. SQL 语言是关系数据库的国际标准语言

　　B. SQL 语言具有数据定义、查询、操纵和控制功能

　　C. SQL 语言可以自动实现关系数据库的规范化

　　D. SQL 语言称为结构查询语言

(6) 脚本文件是在_____中执行的。

　　A. 企业管理器　　　　　B. 查询分析器　　　　　C. 服务管理器　　　　　D. 事件探查器

(7) 一个查询的结果成为另一个查询的条件，这种查询被称为_____。

　　A. 连接查询　　　　　　B. 内查询　　　　　　　C. 自查询　　　　　　　D. 子查询

(8) 在 Select 语句中使用 * 表示_____。

　　A. 选择任何属性　　　　B. 选择全部属性　　　　C. 选择全部元组　　　　D. 选择主键

(9) Order By 的作用是_____。

　　A. 对记录排序　　　　　　　　　　　　　　　B. 设置查询条件

　　C. 查询输出分组　　　　　　　　　　　　　　D. 限制查询返回的数据行

(10) 在 SELECT 语句中，下列_____子句用于对分组统计进一步设置条件。

　　A. Order By　　　　　　B. Group By　　　　　C. Where　　　　　　D. Having

(11) 在 SELECT 语句中使用 AVG（属性名）时，属性名_____。

　　A. 必须是数值型　　　　　　　　　　　　　　B. 必须是字符型

　　C. 必须是数值型或字符型　　　　　　　　　　D. 不限制数据类型

(12) 与 Where G BETWEEN 60 AND 100 语句等价的子句是_____。

　　A. Where G >60 AND G <100　　　　　　B. Where G > =60 AND G <100

　　C. Where G >60 AND G < =100　　　　　D. Where G > =60 AND G < =100

(13) Where 子句的条件表达式中，可以匹配 0 个到多个字符的通配符是_____。

　　A. *　　　　　　　　　B. %　　　　　　　　　C. _　　　　　　　　　D. ?

(14) Where 子句的条件表达式中，可以匹配单个字符的通配符是_____。

　　A. *　　　　　　　　　B. %　　　　　　　　　C. _　　　　　　　　　D. ?

(15) 哪个主键用于测试跟随的子查询中的行是否存在_____。

　　A. MOV　　　　　　　　B. EXISTS　　　　　　C. UNION　　　　　　D. HAVING

(16) 下列聚合函数中正确的是_____。

　　A. SUM（*）　　　　　　B. MAX（*）　　　　　C. COUNT（*）　　　　D. AVG（*）

(17) SQL 中，下列涉及空值的操作，不正确的是_____。

　　A. age = NULL　　　　　　　　　　　　　　　B. age IS NULL

　　C. age IS NOT NULL　　　　　　　　　　　　D. NOT (age IS NULL)

(18) 若用如下的 SQL 语句创建一个表 student：Create Table student（学号 char（4）not null，姓名

char（8）not null，性别 char（2），年纪 int），可以插入到 student 表中的记录是_____。

A.（'1031'，'曾华'，男，23）　　　　　B.（'1031'，'曾华'，null，null）

C.（null，'曾华'，'男'，'23'）　　　　　D.（'1031'，null，男，23）

(19) 对于基本表 EMP（ENO，ENAME，SALARY，DNO），其属性表示职工的工号、姓名、工资和所在部门的编号；基本表 DEPT（DNO，DNAME），其属性表示部门的编号和部门名。有一个 SQL 语句：

Update EMP Set SALARY = SALARY* 1.05
Where DNO = 'D6' And SALARY <（Select AVG（SALARY）From EMP）；

其等价的修改语句为_____。

A. 为工资低于 D6 部门平均工资的所有职工加薪5%

B. 为工资低于整个企业平均工资的职工加薪5%

C. 为在 D6 部门工作、工资低于整个企业平均工资的职工加薪5%

D. 为在 D6 部门工作、工资低于本部门平均工资的职工加薪5%

(20) 在 SQL 语句中，Alter 的作用是_____。

A. 删除基本表　　　　　　　　　　B. 修改基本表中的数据

C. 修改基本表中的结构　　　　　　D. 修改视图

(21) SQL 语言中，定义数据表的语句是_____。

A. Select　　　　B. Insert　　　　C. Update　　　　D. Create

(22) 下面列出的关于视图的条目中，不正确的是_____。

A. 视图是外模式　　　　　　　　　B. 视图是虚表

C. 使用视图可以加快查询语句的执行速度　　D. 使用视图可以简化查询语句的编写

(23) 在 SQL 中，普通用户一般直接操作的是_____。

A. 基本表　　　　B. 视图　　　　C. 基本表或视图　　　　D. 基本表和视图

(24) 下面哪一项描述是正确的_____。

A. 视图是一种常用的数据库对象，使用视图不可以简化数据操作

B. 使用视图可以提高数据库的安全性

C. 视图和表一样是由数据构成的

D. 视图必须从多个数据表中产生才有意义

(25) 当对表进行_____操作时，触发器将可能根据表发生操作的情况而自动被 SQL Server 2000 触发而运行。

A. Declare　　　　B. INSERT　　　　C. Create DataBase　　　　D. Create Trigger

(26) 在 SQL Server 2000 中，下列变量名正确的是_____。

A. @ sum　　　　B. j　　　　C. sum　　　　D. 4kk

(27) 下面_____组命令，将变量 count 值赋值为1。

A. Declare @ count　　　B. Dim count =1
　Select @ count =1

C. Declare count　　　D. Dim @ count
　Select count =1　　　　Select @ count =1

(28) 下列_____赋值语句是错误的。

A. Select @ C =1　　　B. Set @ C =1

C. Select @ DJ =单价　　D. Set @ DJ =单价
　From book　　　　　　From book
　Order By 单价 Desc　　Order By 单价 Desc

(29) 创建存储过程的语句是_____。

A. Alter Procedure   B. Drop Procedure   C. Create Procedure   D. Insert Procedure

(30) 在 SQL Server 2000 编程中，可使用_____将多个语句捆绑。

     A. | | B. BEGIN-END   C. ( )   D. [ ]

(31) 已知员工和员工亲属两个关系，当员工调出时，应该从员工关系中删除该员工的元组，同时在员工亲属关系中删除对应的亲属元组。在 SQL 语言中利用触发器定义这个完整性约束的短语是_____。

     A. INSTEAD OF DELETE   B. INSTEAD OF DROP

     C. AFTER DELETE   D. AFTER UPDATE

(32) 在 DB 恢复时，对已经 COMMIT 但更新未写入磁盘的事务执行_____。

     A. REDO 处理   B. UNDO 处理   C. ABORT 处理   D. ROLLBACK 处理

(33) 在 DB 恢复时，对尚未做完的事务执行_____。

     A. REDO 处理   B. UNDO 处理   C. ABORT 处理   D. ROLLBACK 处理

(34) 向用户授予操作权限的 SQL 语句是_____。

     A. Create   B. Revoke   C. Select   D. Grant

二、填空题

(1) 企业管理器是 SQL Server 2000 中最重要的管理工具。通过_____可以管理所有的数据库系统工作和服务器工作。

(2) SQL Server 2000 提供多个图形化工具，其中用来启动、停止和暂停 SQL Server 服务的图形化工具称为_____。

(3) SQL Server 2000 数据库是由数据库文件和事务日志文件组成。一个数据库至少有_____个数据库文件和一个事务日志文件。

(4) SQL Server 2000 数据库分为两种类型：_____数据库和用户数据库。

(5) 第一次安装 SQL Server 2000 时，系统会自动建立几个数据库，其中_____、model、tempdb 和 msdb 这四个数据库是系统数据库。

(6) 在 SQL Server 2000 中，数据库对象包括 ① 、 ② 、触发器、过程、列、索引、约束、规则、默认和用户自定义的数据类型等。

(7) _____用于保证数据库中数据表的每一个特定实体的记录都是唯一的。

(8) 视图是一个虚表，它是从 ① 中导出的表。在数据库中，只存放视图的 ② ，不存放视图的 ③ 。

(9) Select 语句中，主要子句包括 ① 、 ② 、 ③ 及 INTO 等。

(10) 在查询条件中，可以使用另一个查询的结果作为条件的一部分，例如判定列值是否与某个查询的结果集中的值相等，作为查询条件一部分的查询称为_____。

(11) 使用视图的原因有两个：一是出于_____上的考虑，用户不必看到整个数据库结构而隐藏部分数据；二是符合用户日常业务逻辑，使他们对数据更容易理解。

(12) SQL Server 2000 局部变量名字必须以 ① 开头，而全局变量名字必须以 ② 开头。

(13) 已知有学生关系 S(SNO,SNAME,AGE,DNO)，各属性含义依次为学号、姓名、年龄和所在系号；学生选课关系 SC(SNO,CNO,SCORE)，各属性含义依次为学号、课程号和成绩。分析以下 SQL 语句：

```
Select SNO
  From SC
  Where SCORE = (Select AVG(SCORE)
              From SC
              Where CNO = '002')
```

简述上述语句完成了的查询操作是_____。

（14）在 SQL Server 2000 系统中权限分为三种：　①　、　②　和　③　。

（15）表或视图的操作权限有 Select、　①　、　②　、　③　和 dri。

（16）数据完整性按约束的类型不同分为：　①　的完整性、　②　完整性和　③　完整性。

（17）约束主要包括　①　约束、　②　约束、　③　约束、　④　约束和　⑤　约束五种。

（18）数据备份是指将数据库中的数据进行复制后，另外存放。在数据库发生故障后，就可以利用已_____的数据对数据库进行恢复。

（19）SQL Server 2000 采用的身份验证模式有　①　模式和　②　模式两种。

（20）用户访问 SQL Server 数据库时，经过了两个　①　验证和　②　验证安全验证阶段。

（21）SQL Server 2000 提供的数据库备份方法有　①　数据库备份和　②　数据库备份、　③　备份和　④　备份。

（22）游标的操作步骤包括声明、　①　、处理（提取、删除、修改或推进）、　②　和　③　游标。

（23）如果表的某一列被指定具有 NOT NULL 属性，则表示_____。

（24）当对某一表进行诸如　①　、　②　、　③　这些操作时，SQL Server 就会自动执行触发器所定义的 SQL 语句。

（25）存储过程是存放在_____上的预先定义并编译好的 T-SQL 语句。

三、判断题

（1）SQL 中可以用主键 "As" 给某个属性命别名。（　　）

（2）视图的内容要保存在一个新的数据库中。（　　）

（3）"%" 表示任意的一个字符，"_" 表示任意数量的字符。（　　）

（4）对关系的查询比更新频繁得多，对使用频率高的属性建立索引比较有价值。（　　）

（5）" = NULL" 表示一个值是空值。（　　）

（6）在 SQL Server 2000 中，触发器的执行是在数据的插入、更新或删除之前执行的。（　　）

四、问答题

（1）SQL Server 有哪几种系统数据库？它们的功能分别是什么？

（2）企业管理器的功能有哪些？

（3）查询分析器中的窗口主要有哪些？它们的作用分别是什么？

（4）简述数据库的两种存储结构。

（5）SQL Server 2000 中有多少种约束？其作用分别是什么？

（6）使用索引有哪些优点？

（7）按照存储结构划分，索引分为哪两类？各有何特点？

（8）使用存储过程的主要优点有哪些？

（9）简述触发器与一般存储过程的主要区别。

（10）SQL Server 2000 提供了哪两种确认用户的认证模式？各自的含义是什么？

（11）SQL Server 2000 提供的固定服务器角色有哪些？

（12）固定的数据库角色有哪些？

（13）SQL Server 2000 包含哪几种类型的权限？

（14）SQL Server 2000 数据库的备份有几种类型？

（15）什么是备份设备？

五、综合题

（1）问题描述：已知关系模式：

学生关系 S（SNO，SNAME），其中：SNO 为学号，SNAME 为姓名。

课程关系 C（CNO，CNAME，CTEACHER），其中：CNO 为课程号，CNAME 为课程名，CTEACHER 为任课教师。

选课关系 SC（SNO，CNO，SCGRADE），其中：SCGRADE 为成绩。

1）找出没有选修过"李明"老师讲授课程的所有学生姓名。

2）列出有两门以上（含两门）不及格课程的学生姓名及其平均成绩。

3）列出既学过"1"号课程，又学过"2"号课程的所有学生姓名。

4）列出"1"号课成绩比"2"号同学该门课成绩高的所有学生的学号。

5）列出"1"号课成绩比"2"号课成绩高的所有学生的学号及其"1"号课和"2"号课的成绩。

（2）问题描述：本题用到数据库表 student 中的关系表 computer：

有字段名 name、number、sex、SQL2000、flash、net，其中 name、number、sex 字段的类型为字符型（char）；SQL2000、flash、net 字段的类型为浮点型（float）。

1）输出所有男生的成绩。

2）输出所有 SQL 成绩在 90 以上的女生的成绩。

3）输出某一科目不合格的所有男生的成绩。

4）计算并显示每位同学各科的总分和平均分，并按总分从高到低排序。

5）输出所有计算机网络成绩在 70~79 之间的同学。

6）输出所有姓"陈"和姓"李"的男生。

7）输出所有学号为偶数的同学成绩。

8）输出 Flash 成绩最好的五位同学。

9）更新同学的成绩，把计算机网络成绩在 55~59 之间的同学该科的成绩调整为 60 分。

10）统计成绩表中平均分为 90 以上（含 90 分）的人数。

（3）问题描述：本题用到下面三个关系表：

借书卡 CARD（CNO，NAME，CLASS），其中：CNO 为卡号，NAME 为姓名，CLASS 为班级；

图书 BOOKS（BNO，BNAME，AUTHOR，PRICE，QUANTITY），其中：BNO 为书号，BNAME 为书名，AUTHOR 为作者，PRICE 为单价，QUANTITY 为库存册数；

借书记录 BORROW（CNO，BNO，RDATE），其中：CNO 为借书卡号，BNO 为书号，RDATE 为还书日期。

约束：限定每人每种书只能借一本；库存册数随借书、还书而改变。

要求实现如下 15 个处理：

1）写出建立 BORROW 表的 SQL 语句，要求定义主键完整性约束和引用完整性约束。

2）找出借书超过五本的读者，输出借书卡号及所借图书册数。

3）查询借阅了"水浒"一书的读者，输出姓名及班级。

4）查询过期未还图书，输出借阅者（卡号）、书号及还书日期。

5）查询书名包括"网络"关键词的图书，输出书号、书名、作者。

6）查询现有图书中价格最高的图书，输出书名及作者。

7）查询当前借了"计算方法"但没有借"计算方法习题集"的读者，输出其借书卡号，并按卡号降序排序输出。

8）将"C01"班同学所借图书的还书期都延长一周。

9）从 BOOKS 表中删除当前无人借阅的图书记录。

10）如果经常按书名查询图书信息，请建立合适的索引。

11）在 BORROW 表上建立一个触发器，完成如下功能：如果读者借阅的书名是"数据库技术及应用"，就将该读者的借阅记录保存在 BORROW_SAVE 表中（注 BORROW_SAVE 表结构同 BORROW 表）。

12）建立一个视图，显示"C01"班学生的借书信息（只要求显示姓名和书名）。

13）查询当前同时借有"计算方法"和"组合数学"两本书的读者，输出其借书卡号，并按卡号升序排序输出。

14）假定在建 BOOKS 表时没有定义主键，写出为 BOOKS 表追加定义主键的语句。

15）对 CARD 表做如下修改：

（a）将 NAME 最大列宽增加到 10 个字符（假定原为 6 个字符）。

（b）为该表增加一列 NAME（系名），可变长，最大 20 个字符。

7.3　数据库开发应用习题

一、单项选择题

（1）数据流图是用于描述结构化方法中_____阶段的工具。

A. 可行性分析　　　　B. 详细设计　　　　C. 需求分析　　　　D. 程序编码

（2）数据库需求分析时，数据字典的含义是_____。

A. 数据库中所涉及的属性和文件的名称集合

B. 数据库中所涉及到的字母、字符及汉字的集合

C. 数据库中所有数据的集合

D. 数据库中所涉及的数据流、数据项和文件等描述的集合

（3）下列不属于需求分析阶段工作的是_____。

A. 分析用户活动　　　B. 建立 E-R 图　　　C. 建立数据字典　　　D. 建立数据流图

（4）在数据库设计中，用 E-R 图来描述信息结构但不涉及信息在计算机中的表示，它是数据库设计的_____阶段。

A. 需求分析　　　　　B. 概念设计　　　　C. 逻辑设计　　　　D. 物理设计

（5）E-R 图是数据库设计的工具之一，它适用于建立数据库的_____。

A. 逻辑模型　　　　　B. 概念模型　　　　C. 结构模型　　　　D. 物理模型

（6）模型是对现实世界的抽象，在数据库技术中，用模型的概念描述数据库的结构与语义，对现实世界进行抽象。表示实体类型及实体间联系的模型称为_____。

A. 数据模型　　　　　B. 实体模型　　　　C. 逻辑模型　　　　D. 物理模型

（7）在关系数据库设计中，设计关系模式是_____的任务。

A. 逻辑设计阶段　　　B. 概念设计阶段　　C. 需求分析阶段　　D. 物理设计阶段

（8）数据库概念设计的 E-R 方法中，用属性描述实体的特征，在 E-R 图中用_____表示属性。

A. 矩形　　　　　　　B. 四边形　　　　　C. 菱形　　　　　　D. 椭圆形

（9）在数据库的概念设计中，最常用的数据模型是_____。

A. 形象模型　　　　　B. 物理模型　　　　C. 逻辑模型　　　　D. 实体联系模型

（10）在数据库设计中，在概念设计阶段可用 E-R 方法，其设计出的图称为_____。

A. 实物示意图　　　　B. 实用概念图　　　C. 实体表示图　　　D. 实体联系图

（11）从 E-R 模型关系向关系模型转换时，一个 M：N 联系转换为关系模式时，该关系模式的主键是_____。

A. "M" 端实体的主键　　　　　　　　　　B. "N" 端实体的主键

C. "M" 端实体主键与 "N" 端实体主键组合　D. 重新选取其他属性

（12）若两个实体之间的联系是 1：m，则实现 1：m 联系的方法是_____。

A. 在 "m" 端实体转换的关系中加入 "1" 端实体转换关系的主键

B. 将 "m" 端实体转换关系的主键加入到 "1" 端的关系中

C. 在两个实体转换的关系中，分别加入另一个关系的主键

D. 将两个实体转换成一个关系

（13）在概念模型中一个实体集合对应于关系模型中的一个_____。

A. 元组（记录）　　　B. 字段　　　　　　C. 关系　　　　　　D. 属性

（14）当局部 E-R 图合并成全局 E-R 图时可能出现冲突，不属于合并冲突的是_____。

A. 属性冲突　　　　　B. 语法冲突　　　　C. 结构冲突　　　　D. 命名冲突

（15）E-R 图中的主要元素是实体、_____和属性。

A. 记录　　　　　　　B. 结点　　　　　　C. 实体型　　　　　D. 联系

(16) E-R 图中的联系可以与_____实体有关。

    A. 0 个   B. 1 个   C. 1 或多个   D. 多个

(17) 如果两个实体之间的联系是 m: n，则_____引入第三个交叉关系。

    A. 不需要   B. 需要   C. 可有可无   D. 合并两个实体

(18) 一个学生可以同时借阅多本书，一本书只能由一个学生借阅，学生和图书之间为_____联系。

    A. 一对一   B. 一对多   C. 多对多   D. 多对一

(19) 在数据库设计中，子类与超类存在着_____。

    A. 继承性的联系   B. 调用的联系   C. 相容性联系   D. 一致性联系

(20) 如图 7-1 所示的 E-R 图转换成关系模型，可以转换为_____关系模式。

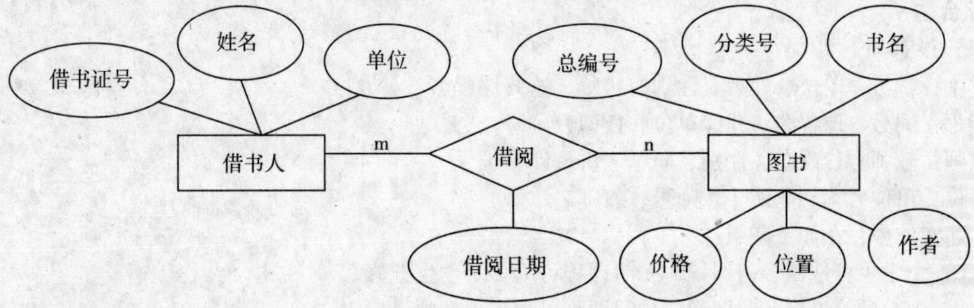

图 7-1   E-R 图

    A. 1 个   B. 2 个   C. 3 个   D. 4 个

(21) 需求分析阶段得到的结果是_____。

    A. 数据字典描述的数据需求   B. E-R 图表示的概念模型

    C. 某个 DBMS 所支持的数据模型   D. 包括存储结构和存取方法的物理结构

(22) 概念设计阶段得到的结果是_____。

    A. 数据字典描述的数据需求   B. E-R 图表示的概念模型

    C. 某个 DBMS 所支持的数据模型   D. 包括存储结构和存取方法的物理结构

(23) 逻辑设计阶段得到的结果是_____。

    A. 数据字典描述的数据需求   B. E-R 图表示的概念模型

    C. 某个 DBMS 所支持的数据模型   D. 包括存储结构和存取方法的物理结构

(24) 物理设计阶段得到的结果是_____。

    A. 数据字典描述的数据需求   B. E-R 图表示的概念模型

    C. 某个 DBMS 所支持的数据模型   D. 包括存储结构和存取方法的物理结构

二、填空题

(1) 数据库设计分四个步骤进行，它们依次是__①__、__②__、__③__和__④__。

(2) 在数据库设计中，把数据需求写成文档，它是各类数据描述的集合，包括数据项、数据结构、数据流、数据存储和数据加工过程等的描述，通常称为_____。

(3) "为哪些表，在哪些字段上，建立什么样的索引"这一设计内容应该属于数据库设计中的_____设计阶段。

(4) 在设计分 E-R 图时，由于各个子系统分别有不同的应用，而且往往是由不同的设计人员设计的，所以各个分 E-R 图之间难免有不一致的地方，这些冲突主要有__①__、__②__和__③__三类。

(5) 数据库逻辑设计中进行模型转换时，首先将概念模型转换为__①__，然后将__②__转换为__③__。

三、问答题

(1) 试述数据库设计过程各个阶段的设计描述。

(2) 试述数据库设计的特点。

(3) 需求分析阶段的设计目标是什么？调查内容是什么？

(4) 数据字典的内容和作用是什么？

(5) 什么是数据库的概念结构？试述其特点和设计策略。

(6) 试述数据库概念结构设计的重要性和设计步骤。

(7) 什么是 E-R 图？构成 E-R 图的基本要素是什么？

(8) 为什么要视图集成？视图集成的方法是什么？

(9) 试述把 E-R 图转换为关系模式的转换规则。

四、综合题

(1) 设有如下实体：

学生：学号、单位、姓名、性别、年龄、选修课程名

课程：编号、课程名、开课单位、任课教师号

教师：教师号、姓名、性别、职称、讲授课程编号

单位：单位名称、电话、教师号、教师名

上述实体中存在如下联系：

1) 一个学生可选修多门课程，一门课程可为多个学生选修。

2) 一个教师可讲授多门课程，一门课程可为多个教师讲授。

3) 一个单位可有多个教师，一个教师只能属于一个单位。

试完成如下工作：

1) 分别设计学生选课和教师任课两个局部信息的结构 E-R 图。

2) 将上述设计完成的 E-R 图合并成一个全局 E-R 图。

3) 将该全局 E-R 图转换为等价的关系模型表示的数据库逻辑结构。

(2) 一个图书借阅管理数据库要求提供下述服务：

1) 可随时查询书库中现有书籍的品种、数量与存放位置。所有各类书籍均可由书号唯一标识。

2) 可随时查询书籍借还情况。包括借书人单位、姓名、借书证号、借书日期和还书日期。

约定：任何人可借多种书，任何一种书可为多个人所借，借书证号具有唯一性。

3) 当需要时，可通过数据库中保存的出版社的电报编号、电话、邮编及地址等信息向有关书籍的出版社增购有关书籍。

约定：一个出版社可出版多种书籍，同一本书仅为一个出版社出版，出版社名具有唯一性。

根据以上情况和假设，试作如下设计：

1) 构造满足需求的 E-R 图。

2) 转换为等价的关系模型结构。

第8章　例题解析

为了帮助学生更好地接受数据库系统的相关知识，本章给出了部分典型例题的讲解。

8.1　数据库基础知识例题解析

一、选择题

(1) 在关系代数的专门关系运算中，从表中取出满足条件的属性的操作称为　①　；从表中选出满足某种条件的元组的操作称为　②　；将两个关系中具有共同属性值的元组连接到一起构成新表的操作称为　③　。

A. 选择　　　　　　B. 投影　　　　　　C. 连接　　　　　　D. 扫描

【解析】关系代数是用代数方法表示关系模型。

关系运算包括五种基本运算与两种扩充运算，一共 7 种，在这 7 种中最常用的是 5 种，它们是投影运算、选择运算、自然连接接运算、并运算、差运算，分别说明如下：

1）投影运算：从表中取出满足条件的属性；

2）选择运算：从表中取出满足条件的元组；

3）自然连接运算：将两表中具有共同属性值的元组连接到一个新表中；

4）并运算：将两表中出现过的元组组成一个新表；

5）差运算：将属于第一个表而不属于第二个表的元组组成一个新表。

【答案】①B　　　　②A　　　　③C

(2) 并发操作会带来哪些数据不一致性＿＿＿＿。

A. 丢失修改、不可重复读、脏读、死锁　　　　B. 不可重复读、脏读、死锁

C. 丢失修改、脏读、死锁　　　　　　　　　　D. 丢失修改、不可重复读、脏读

【解析】在并发操作中，会带来数据不一致性，主要表现在：

1）丢失修改：数据 A 在事务 T1 中被修改后，又被事务 T2 修改；则在事务 T1 中的修改有可能会丢失；

2）脏读：数据 A 在事务 T1 中被读出后，又被事务 T2 修改；则读出的数据不能正确反映当前值；

3）不可重复读：同一个数据在同一时间内应该允许多个事务读取（共享使用），但只能允许一个事务对其进行修改。

【答案】D

二、填空题

(1) 设属性 A 是关系 R 的主属性，则属性 A 不能取空值（NULL）。这是＿＿＿＿完整性规则。

【解析】关系模型中有三类完整性约束：实体完整性、参照完整性和用户自定义完整性。关系的实体完整性规则为：若属性是关系 R 的主属性，则属性 A 的值不能为空值；关系的参照完整性规则为：若属性（属性组）F 是关系 R 的外键，它与关系 S 的主键 K 相对应，则对于 R 中的每一个元组在 F 上的值必须取空值或等于 S 中某个元组的主键 K 的值；用户自定义完整性规则为：针对某一具体关系数据库的约束条件，它反映某一具体应用所涉及的数据必须满足的语义要求。

【答案】实体

(2) 有关系模式 R(A,B,C,D,E)，有如下的函数依赖集：F = {A→(D,C,E),D→E}。关系模式的规范化程度最高达到＿＿＿＿。

【解析】对于关系 R，其所有的属性均为不可再分，所以 A 属于 1NF；从函数依赖集中可以看出，关系 R 的候选键为(A,B)，有(A,B)→(D,C,E)，且不存在部分函数依赖。利用分解规则，可以得到(A,B)→D 和(A,B)→E，由于函数依赖集中存在 D→E，所以存在传递函数依赖，所以关系 R 属于 2NF。

【答案】2NF

(3) _____ 方法是用于将数据客体数据库中的集合量逐一转换成数据主体（应用程序）中的标量。

【解析】游标是一种方法，它用于将数据客体数据库中的集合量逐一转换成数据主体（应用程序）中的标量。

游标方法的主要思想为：首先定义一个游标，对实施的转换的集合量（以查询语句方式定义）定义一个游标（将该集合中的每个记录按顺序排列，设置一个活动箭头，指向集合中某个元素，该箭头称为游标）；然后使用游标，使用分为三个步骤：打开游标，使游标处于激活状态并指向集合中第一个记录；推进游标，定位于集合中指定的记录，然后提取该记录的值并送至应用程序中的程序变量中。在接收到标量数据后，应用程序对数据作处理并形成循环不断的使用游标与处理数据；关闭游标，使其处于休止状态。

【答案】游标

三、综合题

(1) 设有学生选课数据库关系模式如下：

Student(Sno,Sname,Sage,Sdept)：各属性含义分别为学号、姓名、年龄、所在系号。

Course(Cno,Cname)：各属性含义分别为课程号、课程名。

SC(Sno,Cno,Score)：各属性含义分别为学号、课程号、成绩。

分别用关系代数和 SQL 语句进行如下查询：

1) 计算机系中有不及格课程的学生名单；

2) 学生"李明星"的"计算机基础"课程的成绩。

答：

用关系代数：

1) $\prod_{\text{Sname}}$ （$\sigma_{\text{Score}<60}$ （SC）$\bowtie$ （$\sigma_{\text{Sdept}=\text{'计算机'}}$ （Student）））

2) $\prod_{\text{Score}}$ （$\sigma_{\text{Sname}=\text{'李明星'}}$ （Student）$\bowtie$ SC $\bowtie$ （$\sigma_{\text{Cname}=\text{'计算机基础'}}$ （Course）））

用 SQL 语句：

1) Select Sname From Student

    Where Sdept = '计算机' And Sno In

        （Select Sno From SC Where Score < 60 ）

2) Select Score From Student,SC,Course

    Where Student. Sno = SC. Sno And SC. Cno = Course. Cno

      And Sname = '李明星' AND Cname = '计算机基础'

(2) 对某学院，要建立关于系、学生、班级、社团的一个关系数据库。语义为：一个系有若干个专业，每个专业有若干个班，每个班的若干个学生，一个系的学生住在同一个宿舍楼，每个学生可参加若干个社团，每个社团有若干个学生。

描述学生的属性有：学号、姓名、出生日期、系名、班号、宿舍楼号

描述班级的属性有：班号、专业号、系名、班号、人数、入校时间

描述专业的属性有：专业号、专业名、系名、建立时间

描述系的属性有：系名、系号、系办公室地点、人数

描述社团的属性有：社团名、成立年份、地点、人数

相关说明：学生加入社团时，要记录参加年份。

1) 请写出关系模式

2) 写出每个关系模式的最小函数依赖集，指出是否存在部分函数依赖、传递函数依赖

3) 指出各关系模式的候选键、外键

答：

1) 学生（学号，姓名，出生日期，系名）；

班级（<u>班号</u>，专业号，人数，入校时间）；

专业（<u>专业号</u>，专业名，系名）；

系（<u>系号</u>，系名，系办公室地点，人数，宿舍楼号）；

社团（<u>社团名</u>，成立年份，地点，人数）；

参加（<u>学号，社团名</u>，参加年份）。

2）F 学生 = ｛学号→姓名，学号→出生日期，学号→班号｝；

F 班级 = ｛班号→专业号，班号→人数，班号→入校时间｝；

F 专业 = ｛专业号→专业名，专业号→系名｝；

F 系 = ｛系号→系名，系号→系办公室地点，系号→人数，系号→宿舍楼号｝；

F 社团 = ｛社团名→成立年份，社团名→地点，社团名→人数｝；

F 参加 = ｛（学号，社团名）→参加年份｝。

以上函数依赖集中，不存在部分函数依赖和传递函数依赖。

3）各关系模式的候选键见 1）中的有下划线部分；

参加表中，候选键为（学号，社团名）；外键为学号，其参照属性为学生（学号）；外键为社团名，其参照属性为社团（社团名）。

8.2　数据库操作例题解析

一、选择题

（1）在 SQL Server 2000 中，使用 Create Database 命令建立数据库时，给出的数据库名是_____。

A. 数据文件名　　　　　　　　　　B. 数据库物理文件名

C. 数据库逻辑文件名　　　　　　　D. 日志文件名

【解析】在 SQL Server 2000 中，一个数据库在物理上是由数据文件和日志文件构成的。应用数据库时，要使用数据库的逻辑名。

【答案】C

（2）在 SQL Server 2000 中，下列说法正确的是_____。

A. 不能修改已创建的数据文件属性　　B. 不能修改数据文件物理文件名

C. 不能向数据库中添加文件组　　　　D. 不能删除数据库中的文件

【解析】创建数据库后，可以使用 Alter Database 命令对已建立的数据库进行更改：添加或删除文件组、添加或删除次数据文件、日志文件、修改数据文件或日志文件的大小等，但不能对数据文件的物理文件进行重命名，而且，一个数据库至少有一个主文件组、一个主数据文件和一个日志文件。

【答案】B

（3）数据表中某一个属性的值为 NULL，则表示该数据值为_____。

A. 0　　　　　　　　B. 空字符　　　　　　C. 空字符串　　　　　　D. 无任何数据

【解析】NULL 表示无任何数据，不等同于数据型数据 0、也不等同于字符型数据的空字符或空字符串。

【答案】D

（4）用户要执行语句：

```
Insert Into student(sno)
(Select sno From class )
```

则该用户必须拥有的数据库权限有_____。

A. INSERT 和 UPDATE　　　　　　　B. INSERT 和 DELETE

C. SELECT 和 UPDATE　　　　　　　D. INSERT 和 SELECT

【解析】用户对数据库的操作权限有：CERATE、SELECT、INSERT、UPDATE、DELECT、EXECUTE 等。只有用户拥有了数据库相应权限，才能进行相应的操作。本题中用户要执行的操作包括 INSERT 和 SELECT，因此必须拥有 INSERT 和 SELECT 操作权限。

【答案】D

(5) 下列叙述不正确的是_____。

A. 触发器和存储过程一样，可以用 EXEC 命令执行触发器

B. 触发器不需要专门语句调用

C. 触发器是一种特殊的存储过程

D. 当执行 INSERT、DELETE、UPDATE 语句时，触发器被触发而自动执行。

【解析】触发器是定义在表上的一个对象，是一种特殊类型的存储过程，它不需要专门的语句调用，是通过事件（INSERT、DELETE、UPDATE）进行触发而执行的。

【答案】A

二、填空题

(1) SQL Server 中，权限的种类包括_____、_____和_____。

【解析】SQL Server 中包含三种权限：语句权限、对象权限和固定角色隐含权限。

创建数据库或数据库中的对象（如表、存储过程等）及备份数据库和事务日志等所需要的权限为语句权限。

处理数据或执行过程时所需要的权限为对象权限，对象权限可分配给数据库用户，用户获得了对象权限，才能进行相应的操作（SELECT、INSERT、DELETE、UPDATE、EXECUTE 和 REFERENCES）。

系统安装后，有些用户和角色不必授权即拥有的权限为固定角色隐含权限。

【答案】语句权限 对象权限 固定角色隐含权限

(2) 在 SQL Server 2000 中提供 Begin Transaction、Commit Transaction、Rollback Transaction 和 Save Tansaction 四条事务语句，其中_____是 SQL Server 2000 中所独有的事务语句，在撤销事务时可以只撤销部分事务以提高系统效率。

【解析】在 SQL Server 2000 中提供 Begin Transaction、Commit Transaction、Rollback Transaction 和 Save Tansaction 四条事务语句，前三条相当于 SQL' 92 中的 SET TRANSACTION，COMMIT 及 ROLLBACK，第四条则是 SQL Server 2000 中所独有的，用于在事务中设置一个保存点，其目的是在撤销事务时可以只撤销部分事务以提高系统效率，语句的形式为：Save Tansaction ＜保存点＞。

在有保存点的事务回滚中，事务回滚时返回到事务保存点之前的状态，语句形式为：Rollback Transaction ［＜事务名＞｜＜保存点＞］。

【答案】Save Tansaction

(3) SQL Server 2000 中的故障恢复一般常用企业管理器实现，首先用_____将数据库恢复至备份时刻，然后_____操作完全恢复数据库。

【答案】还原数据库 运行数据库日志

(4) SQL Server 2000 中的_____用于服务器中的应用程序编制，如存储过程及触发器中的程序编制以及后台脚本程序编制，实现在服务器内的数据交换。

【解析】在数据交换中，自含式语言 T-SQL 为数据库应用开发中的主要工具之一，是一种完整的语言，它将传统的程序设计语言与 SQL 相结合，其数据具有标量形式，而访问数据库则采用游标方式。这种语言一般可以编程，它们以过程或模块形式存储于服务器内并供应用程序调用，因此 T-SQL 主要用于服务器中的应用程序编制，如存储过程及触发器中的程序编制以及后台脚本程序编制。

【答案】自含式语言 T-SQL

三、综合题

(1) 设有学生选课数据库关系模式如下：

Student（Sno，Sname，Sage，Sex）：各属性含义分别为学号、姓名、年龄、性别

Course（Cno，Cname，Tname）：各属性含义分别为课程号、课程名、教师名

SC（Sno，Cno，Score）：各属性含义分别为学号、课程号、成绩

用 SQL 语句进行如下查询：

1）检索至少选修李老师所授课程中的一门课程的女生姓名

2）检索王欣同学未学课程的课程号

3）检索至少选修两门课程的学生的学号

4）检索所有学生都选修的课程的课程号和课程名

答：

1）Select Sname From Student

　　Where Sex = '女' And Sno In

　　（Select Sno From SC

　　　Where Cno In

　　　　（Select Cno From Course Where Tname = '李'））

2）Select Cno From Course

　　Where NOT EXITS

　　（Select* From Student, SC

　　　Where Student. Sno = SC. Sno And Course. Cno = SC. Cno And Sname = '王欣'）

3）Select Distinct X. Sno From SC X, SC Y

　　Where X. Sno = Y. sno And X. Cno! = Y. Cno

4）Select Cno, Cname From Course

　　Where NOT EXITS

　　（Select* From Student

　　　Where NOT EXITS

　　　　（Select* From SC

　　　　　Where Student. Sno = SC. Sno And Course. Cno = SC. Cno））

（2）设学生社会团数据库有三个基本表：

学生 S（Sno, Sname, Sage, Sex）：各属性的含义分别是学号（主键）、姓名、年龄、性别；

社团 P（Pname, Sno, Year, Place）：各属性的含义分别是社团名（主键）、社团负责人的学号、成立年份、活动地点；

参加 J（Sno, Pname, J_date）：各属性的含义分别是学号、社团名、参加日期，主键为（Sno, Pname）。

用 SQL 语句完成下列操作：

1）定义表 S、P、J，并说明其主键和参照关系。

2）建立两个视图：

社团负责人情况：View_P(Pname, Sno, Sname, Sex)

参加学生情况：View_S(Sno, Sname, Pname, J_date)

3）查找参加文学社或合唱团的学生的学号和姓名。

4）查找没有参加任何社团的学生情况。

5）查找参加学号为 0642802101 的学生所参加的全部社团的学生的学号。

6）求参加人数最多的社团名称和参加人数。

7）求参加人数超过 100 人的社团的名称和负责人。

8）把对社团 P 和参加 J 两个表的数据查看、插入和删除数据的权限授予用户张民，并允许他转授给其他用户。

答：

1）Create Table S(Sno Char(10) NOT NULL, Sname Char(8),

　　　　Sage Smallint Check Sage > =12 And Sage <30,

　　　　Sex Char(2) Check Sex IN('男', '女'),

　　　　Primary Key(Sno))

Create Table P(Pname Char(20) NOT NULL, Sno Char(10),

```
            Year Smallint CHECK Year > =0 , Place Char(50),
            Primary Key(Pname))
    Create Table J(Sno Char(10) NOT NULL, Pname Char(20), J_date DATE,
            Primary Key(Sno, Pname),
            Foreign Key(Sno) Rerferences S(Sno),
            Foreign Key(Pname)Rerferences P(Pname)
            )
2) Create View View_P( Pname, Sno, Sname, Sex)
   As Select Pname, Sno, Sname, Sex From P, S
        Where P. Sno =S. Sno
   Create View View_S(Sno, Sname, Pname, J_date)
     As Select Sno, Sname, Pname, J_date
        From P, S, J
        Where P. Sno =S. Sno And P. Pname =J. Pname
3) Select Sno, Sname From View_S Where Pname In ('文学社', '合唱团')
4) Select*From S
   Where NOT EXITS
   (Select*From J Where J. Sno =S. Sno)
5) Select Sno From S
   Where NOT EXITS
   (Select*From J X
      Where X. Sno ='0642802101' And NOT EXITS
      (Select*From J Y Where Y. Sno =X. Sno And Y. Pname =X. Pname))
6) Select P. Pname As 社团名, COUNT(J. Sno) As 参加人数 From P. J
   Where P. Pname =J. Pname
   Group By J, Pname
   Having MAX(COUNT(J. Sno)) =COUNT(J. Sno)
7) Select Pname As 社团名, Sname As 负责人 From View_P
   Group By Pname
   Having COUNT(J. Sno)) >100
8) Grant SELECT, INSERT, DELETE On P, J To 张民 With Grant Option
```

8.3 数据库开发应用例题解析

一、选择题

如果两个实体集之间的联系是多对多的, 转换为关系时_____。

A. 联系本身可以不单独转换成一个关系

B. 联系本身不必单独转换成一个关系

C. 将两个实体集合并为一个实体集, 用一个关系表示

D. 联系本身必须单独转换成一个关系

【解析】E-R 图转换为关系:

将 E-R 图中的实体与联系表示成关系表, 属性转换成关系表的属性。

1) 属性的处理: 关系模式中的属性命名可以使用 E-R 图中的原有命名, 也可另行命名, 但是应尽量避免重名, 出现有 RDBMS 不支持的数据类型时则要进行类型转换, 将 E-R 图的非原子属性转换成原子属性;

2) 实体集的处理: 一个实体集可用一个关系表示;

3）联系的处理：n∶m 联系必须用一个单独的关系表示，而对 1∶1 及 1∶n 联系可将其归并到相关联实体的关系中。

【答案】D

二、填空题

（1）在数据库设计中，E-R 数据模型是进行_____的一个主要工具。

【解析】在概念设计阶段通常使用 E-R 模型来表示信息世界中的实体以及实体之间的联系，该模型与数据库管理系统无关。

【答案】概念设计

（2）"为哪些表，在哪些字段上，建立什么样的索引"设计内容应该属于数据库设计中的_____阶段。

【解析】一般的 RDBMS 中留给用户参与物理设计的内容大致有：存取方法的设计（包括索引设计、集簇设计、HASH 设计）和存储结构设计（包括确定数据存放位置、确定系统配置参数）。

【答案】物理设计

三、综合题

假设要建立一个企业数据库，该企业有多个下属单位，每个单位有多名职工，一个职工只能属于一个单位，且仅参加一个项目，但一个项目中有很多职工参加，有多个供货商为各项目提供不同的设备。单位的属性有：单位名、电话；职工的属性有：职工号、姓名、性别；设备的属性有：设备号、设备名、产地；供货商的属性有：姓名、电话；项目的属性有：项目名、项目地点。请完成如下工作：

1）设计满足上述要求的 E-R 图；

2）将该 E-R 图转换成等价的关系模式；

3）根据你的理解，用下划线标明每个关系中的主键。

答：1）满足上述要求的 E-R 图如下图：

2）转换后的关系模式如下：

单位（<u>单位名</u>，电话）

职工（<u>职工号</u>，姓名，性别）

设备（<u>设备号</u>，设备名，产地）

供货商（<u>姓名</u>，电话）

项目（<u>项目名</u>，项目地点）

供应（<u>供应商姓名</u>，<u>项目名</u>，<u>设备号</u>，数据量）

3）见 2）中的下划线。

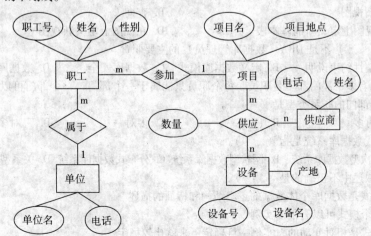

第9章　复习自测题

本章给出了两份模拟试卷，供学生自我检测，掌握自己的学习情况。

9.1　模拟试卷一

一、单项选择题（每小题2分，共30分）

在每小题列出的四个选项中只有一个是符合题目要求的，请将其代码填在题后的括号内。错选或未选均无分。

(1) 要保证数据库的数据独立性，需要修改的是（　　）。

    A. 三层模式之间的两级映像　　　　B. 模式与内模式

    C. 模式与外模式　　　　　　　　　D. 三层模式

(2) 下列四项中，不属于数据库系统特点的是（　　）。

    A. 数据共享　　　　　　　　　　　B. 数据完整性

    C. 数据冗余很高　　　　　　　　　D. 数据独立性高

(3) 数据库管理系统（DBMS）是（　　）。

    A. 一组硬件　　　　　　　　　　　B. 一组软件

    C. 既有硬件，也有软件　　　　　　D. 一个完整的数据库应用系统

(4) 关系数据模型是目前最重要的一种数据模型，它的三个要素分别为（　　）。

    A. 实体完整、参照完整、用户定义完整

    B. 数据结构、关系操作、完整性约束

    C. 数据增加、数据修改、数据查询

    D. 外模式、模式、内模式

(5) 一个关系只有一个（　　）。

    A. 候选键　　　　B. 外键　　　　C. 超键　　　　D. 主键

(6) 数据独立性是指（　　）。

    A. 用户应用程序与DBS相互独立　　B. DBMS与DB相互独立

    C. 用户应用程序与数据库的数据相互独立　　D. 用户应用程序DBMS相互独立

(7) 在视图上不能完成的操作是（　　）。

    A. 更新视图　　　　　　　　　　　B. 查询

    C. 在视图上定义新的基本表　　　　D. 在视图上定义新视图

(8) 下述（　　）不是DBA（数据库管理员）的主要职责。

    A. 完整性约束说明　　B. 定义数据库模式　　C. 数据库安全　　D. 数据库管理系统设计

(9) 公司中有多个部门和多名职员，每个职员只能属于一个部门，一个部门可以有多名职员，从职员到部门的联系类型是（　　）。

    A. 多对多　　　　B. 一对一　　　　C. 多对一　　　　D. 一对多

(10) 第二代数据库系统是指（　　）。

    A. 层次型数据库系统　B. 网状型数据库系统　C. 分布式数据库系统　D. 关系型数据库系统

(11) 下列叙述中不正确的是（　　）。

    A. 模式是数据库全体数据的逻辑结构和特征的描述

    B. 一个模式可以有很多实例

    C. 模式是相对变动的，实例一旦确定下来就比较稳定

    D. 模式反映的是数据的结构及其联系，而实例反映的是数据库某一时刻的状态

(12) 在关系数据库系统中，为了简化用户的查询操作，而又不增加数据的存储空间，常用的方

法是创建（　　）。

    A. 另一个表　　　　B. 游标　　　　　C. 视图　　　　　D. 索引

（13）有一个关系：学生（学号，姓名，系别），规定学号的值域是八个数字组成的字符串，这一规则属于（　　）。

    A. 实体完整性约束　　　　　　　　B. 参照完整性约束

    C. 用户自定义完整性约束　　　　　D. 主键完整性约束

（14）数据库管理系统通常提供授权功能来控制不同用户访问数据的权限，这主要是为了实现数据库的（　　）。

    A. 可靠性　　　　　B. 一致性　　　　　C. 完整性　　　　　D. 安全性

（15）设关系模式 R∈3NF，则下列说法不正确的是（　　）。

    A. R 必是 2NF　　　　　　　　　　B. R 必定不是 BCNF

    C. R 可能不是 BCNF　　　　　　　D. R 必是 2NF

二、名词解释（每小题3分，共15分）

（1）DBS

（2）授权

（3）死锁

（4）3NF

（5）ODBC

三、简答题（每小题5分，共15分）

（1）简述事务及其性质。

（2）简述数据库系统的特点。

（3）简述数据独立性与数据库三级模式结构的关系。

四、操作题（第1题20分，第2题10分，共30分）

（1）设有关系 EMP(ENO,ENAME,SALARY,DNO)，其中各属性的含义依次为职工号、姓名、工资和所在部门号，以及关系 DEPT(DNO,DNAME,MANAGER)，其中各属性含义依次为部门号、部门名称、部门经理的职工号。要求职工的姓名不能为空，部门的名称不能重复。

试用 SQL 语句完成以下查询：

1）定义上述两表。

2）查询"销售部"的职工名单，包括职工号、姓名、工资。

3）列出各部门职工的平均工资。

4）列出平均工资小于600元的部门的名称。

5）请将"销售部"的那些工资数额低于600的职工的工资上调10%。

6）建立"销售部"员工工资视图 V_S（职工号,职工名,工资）。

（2）有以下三个关系模式：

S(SNO,SNAME,SAGE,SEX)

C(CNO,CNAME,CREDIT)

SC(SNO,CNO,GRADE)

用 T-SQL 创建一个存储过程，将 SC 表中成绩大于85的学生的学号打印出来。

五、设计题（共10分）

某工厂生产若干种产品，每种产品由若干个零件组成，有些零件可以用在几个产品上。这些零件由不同的原料组成，不同零件所用材料可以相同。

（1）试用 E-R 图描述上述模型，自行给定若干属性　　　　。

（2）将第1题 E-R 图中产品与零件以及它们之间的联系转换为关系模型中的表。

9.2 模拟试卷二

一、单项选择题（每小题 2 分，共 30 分）

在每小题列出的四个选项中只有一个是符合题目要求的，请将其代码填在题后的括号内。错选或未选均无分。

(1) 在 DBS 中，DBMS 和 OS 之间的关系是（ ）。

  A. 相互调用   B. DBMS 调用 OS C. OS 调用 DBMS D. 并发运行

(2) 数据库系统（DBS）是（ ）。

  A. 一组计算机软/硬件资源集合   B. 计算机软件

  C. 结构化的、有联系的数据集合   D. 计算机输出的统计报表

(3) 一个公司有若干兼职人员，而每个兼职人员都有可能在多家公司打工，则公司与兼职人员之间具有（ ）。

  A. 一对一联系   B. 一对多联系 C. 多对多联系 D. 多对一联系

(4) 三级模式间存在两种映像，它们是（ ）。

  A. 模式与子模式间，模式与内模式间 B. 子模式与内模式间，外模式与内模式间

  C. 子模式与外模式间，模式与内模式间 D. 模式与内模式间；模式与模式间

(5) 下列四项中说法不正确的是（ ）。

  A. 数据库减少了数据冗余   B. 数据库中的数据可以共享

  C. 数据库避免了一切数据的重复   D. 数据库具有较高的数据独立性

(6) 目前数据库中最重要、最流行的数据库是（ ）。

  A. 网状数据库   B. 关系数据库 C. 层次数据库 D. 非关系模型数据库

(7) 在关系数据库中，要求基本关系中的所有主属性上不能有空值，其遵守的约束规则是（ ）。

  A. 数据依赖完整性规则   B. 实体完整性规则

  C. 用户定义完整性规则   D. 域完整性规则

(8) 在 SQL 语言中的视图（View）是数据库的（ ）。

  A. 外模式   B. 模式   C. 内模式   D. 存储模式

(9) 如下图所示，两个关系 R1 和 R2，它们进行哪种运算得到 R3？（ ）

R1		
A	B	C
a	1	x
c	2	y

R2		
B	D	E
1	m	j
2	n	k

R3				
A	B	C	D	E
a	1	x	m	j
c	2	y	n	k

  A. 交   B. 并   C. 连接   D. 差

(10) 关系模式规范化的最低要求是第一范式，即满足（ ）。

  A. 每个属性都是不可再分的原子项 B. 每个非主键属性都完全依赖于主键

  C. 关系中的元组不可重复   D. 主键属性唯一标识关系中的元组

(11) 关系数据模型有许多优点，但下面所列的条目中（ ）不是它的优点。

  A. 结构简单 B. 适用于集合操作 C. 有标准语言 D. 可表示复杂的语义

(12) 数据库概念设计的 E-R 方法中，用属性描述实体的特征，属性在 E-R 图中一般用下列（ ）图形表示。

  A. 矩形   B. 四边形   C. 菱形   D. 椭圆形

(13) 数据库是在计算机系统中按照一定的数据模型组织、存储和应用的（ ）。

  A. 文件的集合 B. 数据的集合 C. 命令的结合 D. 程序的集合

(14) 在数据库技术中，面向对象数据模型可以作为（ ）。

  A. 概念模型   B. 结构模型   C. 物理模型   D. 形象模型

（15）下述（　　）是并发控制的主要方法。

　　A. 授权　　　　　　　B. 封锁　　　　　　C. 日志　　　　　　D. 索引

二、名词解释题（每小题 3 分，共 15 分）

（1）DBMS

（2）数据库安全性

（3）事务

（4）死锁

（5）平凡函数依赖

三、简答题（每小题 5 分，共 15 分）

（1）简述概念模型的作用。

（2）简述数据库设计的步骤。

（3）简述并发操作会引发的问题。

四、操作题（第 1 题 20 分，第 2 题 10 分，共 30 分）

（1）现有图书借阅关系数据库如下：

图书（图书号，书名，作者，单价，库存量）、读者（读者号，姓名，工作单位，地址）、借阅（图书号，读者号，借期，还期），其中还期为 NULL 表示该书未还。

试用 SQL 语句完成以下操作：

1）定义上述三个表。

2）查询有关"数据库"的全部图书信息。

3）查询借阅"大学英语"未还的读者姓名。

4）列出借阅图书十次以上的读者，显示读者号与姓名。

5）将借阅记录"2005 年 6 月 1 号'R016'号读者借阅'B809'号图书"插入借阅表中。

（2）有以下关系模式：

S(SNO,SNAME,SAGE,SEX)

编制一个存储过程，该存储过程根据输入的学生年龄，输出该年龄的学生姓名。

五、设计题（共 10 分）

一个系有若干个班级，一个班有若干个学生，同一个系的学生住同一个宿舍区，每个学生可以参加若干个学会。试用 E-R 图描述上述模型，自行给定若干属性。

（1）试用 E-R 图描述上述模型，自行给定若干属性；

（2）将第 1 题 E-R 图中学生与班级，以及它们之间的联系转换为关系模型中的表。

附录一 教材习题参考答案

1.1 答：见教材 1.2 节。

1.2～1.3 答：见教材 1.1 节。

1.4 答：见教材 1.2 节。

1.5 答：

数据：计算机环境中的数据，即在数据库中的数据。

为了有效地使用数据，就必须对数据进行管理，数据管理是数据库技术研究的核心，内容包括：数据组织、数据定位与查找、数据的保护、数据接口和数据服务与元数据。

数据处理主要指的是数据库中数据的应用。

数据处理在数据库技术中主要表现为如下三个方面：数据处理的环境、数据应用开发和数据处理领域。

1.6～1.8 答：见教材 1.5 节。

1.9 答：见教材 1.6 节。

1.10 答：见教材 1.7.3 节。

2.1～2.3 答：见教材 2.1 节。

2.4 答：见教材 2.2 节。

2.5～2.6 答：见教材 2.3 节。

2.7～2.8 答：见教材 2.4 节。

3.1 答：见教材 3.1 节。

3.2 答：

数据模型是数据基本特征的抽象，所描述的内容有三个部分，它们是数据结构、数据操作与数据约束。

1) 数据结构：数据模型中的数据结构主要描述基础数据项的类型、性质以及数据项间的关联，且在数据库系统中具有统一的结构形式，它也称数据模式。数据结构是数据模型的基础，数据操作与约束均建立在数据结构上。不同数据结构有不同的操作与约束。因此，一般数据模型均依据数据结构的不同而分类。

2) 数据操纵：数据模型中的数据操纵主要描述在相应数据结构上的操作类型与操作方式。

3) 数据约束：数据模型中的数据约束主要描述数据结构内数据间的语法、语义联系，它们之间的制约与依存关系，以及数据动态变化的规则以保证数据的正确、有效与相容。

数据模式是在数据库系统中以统一的结构形式描述的数据模型中的数据结构，主要描述基础数据项的类型、性质以及数据项间的关联。

3.3 答：见教材 3.1 节。

3.4 答：见教材 3.3 节。

3.5 答：见教材 3.3.2 节。

3.6 答：见教材 3.4 节。

3.7 答：见教材 3.4.3 节。

3.8 答：

在对象关系数据库系统中将传统关系数据库系统作扩充的数据类型与复杂的数据类型、继承、聚合与引用的三种扩充并保持其原有的关系模型特征。

在对象关系数据库系统中没有封装概念，因此数据与方法并不捆绑在一起，与之类似，方法与消息也无明显的区别，故在对象关系数据库系统中只有函数而无方法与消息。

就目前常用的系统看，对象关系数据库系统一般均会有扩充的数据类型与复杂的数据类型、继承、聚合与引用、对象标识符 OID 和函数五个性质，但是都没有对象、类和封装、方法与消息三个性质。

3.9 答：见教材1.6节。

3.10 答：

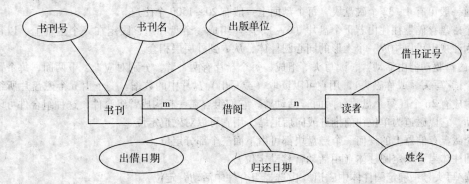

3.11 答：

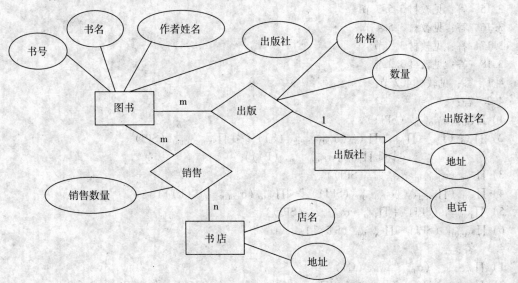

3.12 答：

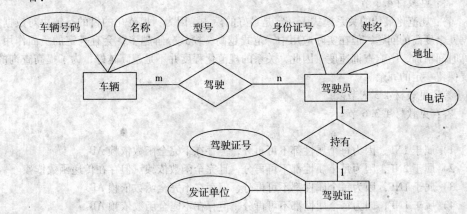

3.13 答：见教材3.5.1节。

3.14 答：

磁盘存储器由磁盘盘片与磁盘驱动器两部分所组成。

1）磁盘盘片是一种表面上下两层涂以磁性材料的铝片，盘片是一种圆形物体，分上、下两面，以圆心为主轴，将盘片划分成若干个磁道，每个磁道是一个半径不等的同心圆，每个磁道又分为若干个扇区，它又称磁盘块，磁盘块是磁盘交换信息的基本单位，通常可以存放 32～4096B，而常用为 512B，每个磁道一般可有 4～32 个磁盘块，每个盘面上一般有 20～1500 个磁道。

一个磁盘存储器往往由若干个盘片（6～11 片）组成一个盘片组，固定在一个主轴上，以每个盘片磁道为注视点可以构成一个无形的同心圆柱体，从内到外层层相套。

2）磁盘驱动器由活动臂、读写头等组成，每个盘片有两个臂，分别对应上、下两面，每个臂的尽头是一个读/写头（或称磁头），用它可以读取（或写出）盘片中的数据。一个由 n 个磁盘片所组成的盘片组对应有 2n 个（每个盘片分两面）活动臂，它们组合在一起构成臂组合件，这种组合件可以自由伸缩活动，它以磁道为单位往前推进或向后退缩，用它可以对磁道定位。

一个磁盘存储器上的任何一个磁盘块都可由下面三个部分定位。

①圆柱体号：确定圆柱体（由活动臂移动定位）。

②读/写头号：确定圆柱体中磁道（由选择组合件中活动臂定位）。

③磁盘块号：确定磁道中的盘块号（由盘片组旋转定位）。

3.15　答：见教材 3.5.3 节。

3.16　答：见教材 3.5.4 节。

3.17　答：见教材 3.5 节。

3.18　答：见教材 3.2 节。

4.1　答：见教材 4.2 节。

4.2　答：

1）$\prod_{SNO}$（$\sigma_{JNO='J1'}$（SPJ））

2）$\prod_{JNO}$（J）$-\prod_{JNO}$（$\prod_{SNO}$（$\sigma_{CITY='天津'}$（S））$\bowtie$ $\prod_{SNO,PNO,JNO}$（SPJ）

$\bowtie$ $\prod_{PNO}$（$\sigma_{COLOR='红'}$（P）））

3）$\prod_{SNO}$（$\sigma_{JNO='J1'\wedge PNO='P1'}$（SPJ））

4）$\prod_{SNO}$（$\prod_{SNO,PNO}$（$\sigma_{JNO='J1'}$（SPJ））$\bowtie\prod_{PNO}$（$\sigma_{COLOR='红'}$（P）））

5）$\prod_{JNO,PNO}$（SPJ）$\div\prod_{PNO}$（$\sigma_{SNO='S1'}$（SPJ））

6）$\prod_{PNO,QTY}$（SPJ$\bowtie\prod_{SNO,JNO}$（S$\bowtie$J）

4.3　答：

1）$\prod_{Cname,Score}$（$\sigma_{Dept='计算机'}$（C））

2）$\prod_{Cname,G}$（$\prod_{cno,G}$（$\sigma_{year='2002'}$（$\prod_{Secid,G}$（$\sigma_{Sno='993701'}$（GRADE））$\bowtie$SEC））$\bowtie$C）

4.4　答：见教材 4.3 节。

4.5　答：规范化最佳的关系模式不一定是最好的模式。因为：规范化的目的是解决对数据操作异常及数据冗余度高的问题，但在实际应用中，范式越高、模式分解越多，会有一定的负面作用，比如连接运算时间增加，影响查询速度。因此，关系的规范化程度并不是越高越好，为了提高查询的效率，有时需要保留一定的冗余。

4.6　答：见教材 4.3.3 节。

4.7　答：见教材 4.3.6 节。

4.8　答：

1）属于 1NF，因为每个属性都不可再分，但存在不完全函数依赖 AB。

2）属于 2NF，因为每个属性都不可再分，且完全函数依赖。但存在传递函数依赖。

3）属于 1NF，因为每个属性都不可再分，但存在不完全函数依赖 AB。

4）属于 1NF，因为每个属性都不可再分，但存在不完全函数依赖 AB。

4.9　答：

1）（A,B,C,D）

2）将 R 分解到满足 2NF

　　　R1{（A,C,E）,A→C,C→E}

$R2\{(A,B,D),(A,B)\rightarrow D\}$

$R3\{(D,B,F),D\rightarrow(B,F)\}$

3）将上小题的结果分解到满足 3NF

$R11\{(A,C),A\rightarrow C\}$

$R12\{(C,E),C\rightarrow E\}$

$R2\{(A,B,D),(A,B)\rightarrow D\}$

$R3\{(D,B,F),D\rightarrow(B,F)\}$

4）将上小题的结果分解到满足 BCNF

$R11\{(A,C),A\rightarrow C\}$

$R12\{(C,E),C\rightarrow E\}$

$R2\{(A,B,D),(A,B)\rightarrow D\}$

$R3\{(D,B,F),D\rightarrow(B,F)\}$

4.10　答：

1）(A,B,C,E)

2）将 R 分解到满足 3NF

$R1\{(A,B,C),(A,B)\rightarrow C\}$

$R2\{(C,D),C\rightarrow D\}$

$R3\{(C,E,F),(C,E)\rightarrow F\}$

4.11　答：

1）(A,B,C)

2）将 R 分解到 2NF：

$R1\{(A,B,E),A\rightarrow B,B\rightarrow E\}$

$R2\{(A,C,D),(A,C)\rightarrow D\}$

3）进一步将其分解到 3NF。

$R11\{(A,B),A\rightarrow B\}$

$R12\{(B,E),B\rightarrow E\}$

$R2\{(A,C,D),(A,C)\rightarrow D\}$

4.12　答：

1）R（工作证号，姓名，身份证号，项目编号，项目名称，实施地点，工作时间）

　函数依赖集合：

　　工作证号→身份证号；身份证号→姓名；项目编号→项目名称；

　　（工作证号，实施地点）→项目编号；（工作证号，实施地点）→工作时间

2）将 R 分解到满足 3NF

　R1｛（工作证号，身份证号），工作证号→身份证号｝

　R2｛（身份证号，姓名），身份证号→姓名｝

　R3｛（项目编号，项目名称），项目编号→项目名称｝

　R4｛（项目编号，工作证号，实施地点，工作时间），（工作证号，实施地点）→项目编号，（工作证号，实施地点）→工作时间｝

5.1　答：见教材 5.1.2 节。

5.2　答：见教材 5.2.1 节。

5.3　答：见教材 3.4.2 节。

5.4　答：见教材 5.3 节。

5.5　答：见教材 5.4 节。

5.6～5.8　答：见教材 5.4.1 节。

5.9　答：

在自主访问控制中的存取矩阵的元素是可以经常改变的，主体可以通过授权的形式变更某些操作权限，因此在自主访问控制中访问控制受主体主观随意性的影响较大，其安全力度尚嫌不足。

强制访问控制中的主、客体标记由专门的安全管理员设置，任何主体均无权设置与授权，它体现了在网上对数据库安全的强制性与统一性。

5.10 ~ 5.11　答：见教材 5.4.1 节。

5.12　答：数据库中的数据是共享资源，网络环境下，为了保证对数据库的正确访问与防止对数据库的非法访问，数据库安全问题是首先必须解决的，只有对数据库的正确访问，才能为计算机系统的正常运行提供安全、可靠的数据环境。

5.13 ~ 5.14　答：见教材 5.4.1 节。

5.15 ~ 5.19　答：见教材 5.4.2 节。

5.20　答：

数据库安全是保证对数据库的正确访问与防止对数据库的非法访问。

数据库的完整性是对数据库中数据正确性的维护，主要目的是及时发现并采取措施防止错误扩散并及时恢复。

5.21 ~ 5.23　答：见教材 5.4.3 节。

5.24　答：见教材 5.4.5 节。

5.25　答：

事务是数据库应用程序的基本逻辑工作单位，在事务中集中了若干个数据库操作，它们构成了一个操作序列，是一个不可分割的基本工作单位。

在数据库中多个应用是以事务为单位执行的，当多个事务按一定调度策略同时执行，这种执行称为并发执行，并发控制是对事务并发执行的调度和控制以保证并发事务的正确执行。

数据库故障恢复技术所采用的主要手段是冗余与事务。数据冗余是采取数据备用复本和日志，事务是利用事务作为操作单位进行恢复。

5.26 ~ 5.27　答：见教材 5.4.5 节。

5.28　答：见教材 5.5 节。

5.29 ~ 5.30　答：见教材 5.5.1 节。

5.31　答：见教材 5.5.2 节。

5.32 ~ 5.33　答：见教材 5.5.3 节。

5.34　答：

1）SQL'89：以关系数据模型的基础，具有数据定义与数据操纵的基本功能，形成 SQL 的非过程性。

2）SQL'92：包含了现有关系数据库系统的所有核心功能，包括数据定义、数据操纵及数据控制。

3）SQL'99：保留了 SQL'92 的全部关系数据模型的功能；引入了面向对象的方法与功能；引入了数据交换的思想与功能；以数据交换为主要目标。将整个 SQL 文本划分成五大部分。

4）SQL'03：保留了 SQL'99 的全部功能；保留了 SQL'99 的三种交换方式，并增加了与 Web 中的数据交换有关，如与 XML 的交换，与 Java 的交换等三种交换方式；文本结构部分增加了 4 个。

5.35　答：见教材 5.8.1 节。

5.36　答：见教材 5.8.2 节。

6.1　答：见教材 6.1.3 节。

6.2　答：见教材 6.1.5 节。

6.3 ~ 6.4　答：见教材 6.3 节。

6.5　答：见教材 6.1.6 节。

7.1　答：见教材 7.1 节。

7.2　答：见教材 7.2 节。

7.3　答：见教材 7.3 节。

7.4　答：略

7.5　答：

　　1）Create Table S(SNO Char(3)Primary Key, SNAME Char(10),
　　　　STATUS Char(2), CITY Char(10))

　　2）Create Table P(PNO Char(3)Primary Key, PNAME Char(10),
　　　　COLOR Char(4), WEIGHT Int)

　　3）Create Table J(JNO Char(3)Primary Key, JNAME Char(10), CITY Char(10))

　　4）Create Table SPJ(SNO Char(3), PNO Char(3), JNO Char(3), QTY Int,
　　　　Primary Key(sno, jno, pno))

7.6　答：

基本表是本身独立存在的表，在 SQL 中一个关系就对应一个表。

视图是从一个或几个基本表导出的表。视图本身不独立存储在数据库中，是一个虚表。即数据库中只存放视图的定义而不存放视图对应的数据，这些数据仍存放在导出视图的基本表中。

视图在概念上与基本表等同，用户可以如同使用基本表那样使用视图，可以在视图上再定义视图。

7.7　答：见教材 7.5.1 节。

7.8　答：

1）表间等值连接，用 Where 子句设置两表不同属性间的相等谓词

```
Select S. Sn From S,SC
Where SC. sno = S. sno And SC. cno = 'c1'
```

其中：S. Sn、S. no 分别表示表 S 中的属性 sn、sno；SC. sno、SC. cno 分别表示表 SC 中的属性 sno、cno。

2）可以通过 Join 作两表间的连接，上例可用 Join 连接如下：

```
Select S. Sn From S Join SC(S. sno = SC. sno)
Where SC. cno = 'c1'
```

7.9　答：

　　1）Select 医生. 姓名 From 医生, 病房
　　　　Where 医生. 管辖病房号 = 病房. 编号 And 病房. 名称 = '外科'

　　2）Select 姓名 From 医生
　　　　Where 管辖病房号 = '13'

　　3）Select 医生. 姓名 From 医生, 病人
　　　　Where 医生. 管辖病房号 = 病人. 病房号 And 病人. 姓名 = '李维德'

　　4）Select COUNT(*) From 病人, 病房
　　　　Where 病人. 管辖病房号 = 病房. 编号
　　　　　And 病人. 患何种病 = '食道癌' And 病房. 名称 = '内科'

7.10　答：

　　1）Select Sno,Sname From S Where sd = '计算机'

　　2）Select Cno,Cname From C Where Dept = '计算机'

　　3）Select S. Sname
　　　　From SC FRIST,SC SECOND,S,C
　　　　Where FLRST. Cno = SECOND. Cno And SECOND. Cno = C. Cno
　　　　　And C. cname = 'OS' And S. Sno = SC. Sno

　　4）Select Sno, COUNT(*)As 已选课程门数, AVG(g)As 总平均成绩
　　　　From SC
　　　　Group By Sno

5) Select S. Sname, S. Sno

　　From S, SC

　　Where S. Sno = SC. Sno And g > =80 And Sno NOT In

　　(Select Sno From SC Where g <80)

　　Order By S. Sno

6) Delect From S Where Sno LIKE '91% '

　　Delect From SC Where Sno LIKE '91% '

7.11 答:

1) Select 书号 From 图书

　　　Where 出版社名称 ='科学出版社'

2) Select 书名 From 图书

　　　Where 作者姓名 In(Select 姓名 From 作者 Where 籍贯 ='江苏省'）

3) Select 作者.籍贯, 出版社.所在城市名

　　　From 作者, 图书, 出版社

　　　Where 作者.姓名 =图书.作者姓名 And 图书.出版社名称 =出版社.出版社名称

　　　　And 图书.书名 ='软件工程基础'

7.12 答:

1) Select 车号 From 车辆

　　　Where 车牌名 ='红旗牌轿车'

2) Select 车辆.生产厂名 As 生产厂家, 厂长姓名

　　　From 车辆, 工厂

　　　Where 车辆.生产厂名 =工厂.厂名 And 车辆.车牌名 ='红旗牌轿车'

3) Select 车辆.生产厂名 As 生产厂家, 市长姓名

　　　　　　　From 车辆, 工厂, 城市

　　　Where 车辆.生产厂名 =工厂.厂名 And 工厂.所在城市名 =城市.城市名

　　　　　　　And 车辆.车牌名 ='跃进牌货车'

4) Select 车颜色 From 车辆

　　　Where 生产厂名 ='第一汽车制造厂'

5) Select 车牌名 From 车辆, 工厂

　　Where 车辆.生产厂名 =工厂..厂名 And 工厂.所在城市名 ='武汉'

7.13 答:

1) Select Cname From C

　　　Where Dept ='计算机'

2) Select count (*)

　　　From C

　　　Where Cno IN (Select Cno From SEC Where year = '2003')

3) Select Sno,SUM (G)*3 From GRADE,S

　　　Where GRADE. Sno =S. Sno And S. Dept ='计算机'

　　　Group Sno

　　　Order By 2 Desc

7.14 答:

1) SELECT 部门负责人, 住址

　　　FROM 部门, 职工

　　　WHERE 部门.职工编号 =职工.职工编号

2) Select 部门名称, COUNT (*)As 职工人数

```
          From 职工
          Group By 部门名称
```

7.15 答:

1) Create View S_V(Pno, Pname, City, P_C_total, P_C_money)
   As
   Select P.pno, pn, ccity, SUM(num), SUM(num *price)
     From P, S, C
     Where P pno = S.pno And S.Cno = C.Cno
     Group By ccity, P.pno, pn

2)
   ① Select ccity From C, P, S
       Where P pno = S.pno And S.Cno = C.Cno And P.pn = '熊猫电视机'
   ② Select month, SUM(num) From S,C,P
       Where P pno = S.pno And S.Cno = C.Cno
         And P.pn = '熊猫电视机' And C.ccity = '南京市'
       Group By month
   ③ Select Top 1 Pno, Pname, City From S_V
       Order By P_C_total Desc

7.16 答:

1) Select city From Customers
     Where Cid In(Select cid From Orders Where pid = 'P02')
   Union
   Select city From Agent
     Where aid In(Select aid From Orders Where pid = 'P02')

2) Select Cid From Orders
     Where aid = 'a03' And Cid NOT IN(
       Select Cid From Orders Where aid < > 'a03')

7.17 答:

Create View 计算机系(Sno, Sname, Age, Dept, Cno, Cname, Score, G)
As
Select S.Sno, name, Age, S.Dept, C.Cno, Cname, Score, G
  From S, SC, C
  Where S Sno = SC.Sno And SC.Cno = C.Cno Ad S.Dept = '计算机系'

7.18 答:

Select Sname From 计算机系 Where Cname = 'Database'

7.19 答:

Select *Into S1 From S
Execute sp_ rename 'S1.Cno', 'Sno', 'COLUMN'
Execute sp_ rename 'S1.name', 'Sname', 'COLUMN'
Execute sp_ rename 'S1.Age', 'Ssex', 'COLUMN'
Execute sp_ rename 'S1.Dept', 'Sdept', 'COLUMN'

7.20 答:

1) Delete From Customers Where cid = 'C01'
2) Update Agent Set city = '武汉' Where aid = 'a07'

7.21 答:

```
Update S Set sage = sage +1
Select S#, sname, sdept, sage Into S'
  From S Order By S
```

8.1 答:
   1）Grant SELECT On S To 张军
      Grant SELECT On SC To 张军
      Grant SELECT On C To 张军
   2）Grant INSERT, DELETE On S To 李林
      Grant INSERT, DELETE On SC To 李林
      Grant INSERT, DELETE On C To 李林
   3）Grant SELECT On SC To 王星
      Grant UPDATE On S To 王星
      Grant UPDATE On C To 王星
   4）Grant SELECT, INSERT, DELETE, UPDATE, REFERENCE, USAGE On S To 徐立功
      Grant SELECT, INSERT, DELETE, UPDATE, REFERENCE, USAGE On SC To 徐立功
      Grant SELECT, INSERT, DELETE, UPDATE, REFERENCE, USAGE On C To 徐立功
   5）Revoke SELECT On S From 张军
      Revoke SELECT On SC From 张军
      Revoke SELECT On C From 张军
      Revoke INSERT, DELETE On S From 李林
      Revoke INSERT, DELETE On SC From 李林
      Revoke INSERT, DELETE On C From 李林

8.2 答:
   1）Audit DELETE, UPDATE ON S
   2）Audit UPDATE, INSERT, DELETE ON SC
   3）Noaudit DELETE ON SC

8.3 答:
```
CREATE S
(Sno Char(5) NOT NULL, sn Char(20), sd Char(2),
sa Smallint Check sa <50 And sa > =0,
Primary Key(sno)
)

Create C
(cno Char(4) NOT NULL, cn Char(30), psno Char(4),
Primary Key(cno))

Create SC
(sno Char(5) NOT NULL, cno Char(4) NOT NULL, g Smallint,
Primary Key(sno, cno),
Foreign Key(sno) References S(sno),
Foreign Key(cno) References C(cno)
)
```

8.4 答: 见教材 8.2.2 节、8.3.3 节。

8.5 答: 见教材 8.5 节。

8.6 答:

1）利用转储文件，将数据库恢复到前一天晚 10 时的状态；

2）检查日志文件，将前一天晚 10 时后所有执行完成的事务重做。

3）检查日志文件，将 13 时前未执行完成（即事务非正常中止）的事务撤销。

8.7 答：

设有 A、B 两个民航售票点，它们按下面的次序进行订票操作：

1）A 售票点执行事务 T1 通过网络在数据库中读出某航班的机票余额为 y，设 y = 5。

2）B 售票点执行事务 T2 通过网络在数据库中读出某航班的机票余额也为 y，设 y = 5。

3）A 售票点事务 T1 卖出一张机票修改后余额为 y：= y − 1，此时 y = 4，将 4 写回数据库。

4）B 售票点事务 T2 卖出一张机票修改后余额为 y：= y − 1，此时 y = 4，将 4 写回数据库。

最后形成的结果是卖出两张机票，但在数据库中仅减去了一张，从而造成了错误。

这是一个典型的并发执行所引起的不一致例子，其主要原因就是"丢失修改"引起的。

错误的产生主要是由于违反了事务 ACID 中的四项原则，特别是隔离性原则，为保证事务并发执行的正确执行，必须要有一定的控制手段以保障事务并发执行中一个事务执行时不受其他事务的影响。

8.8 答：见教材 8.4.2 节。

8.9 答：见教材 8.5.2 节。

8.10 答：

```
Create S
(Sno Char(5) NOT NULL, sn Char(20), sd Char(2),
sa Smallint Check sa <50 And sa >=0,
Primary Key(sno)
)
Create C
(cno Char(4) NOT NULL, cn Char(30), psno Char(4),
Primary Key(cno)
)
Create SC
(sno Char(5) NOT NULL, cno Char(4) NOT NULL, g Smallint,
    Primary Key(sno, cno),
Foreign Key(sno) References S(sno),
Foreign Key(cno) References C(cno)
)
```

9.1 答：

SQL 中的数据交换语句共有二十一条，分为会话管理、连接管理、游标管理、诊断管理以及动态 SQL 五部分。

会话管理中一般设有六个 SQL 语句：设置会话特征语句、设置目录语句、设置模式语句、设置本地时区语句、设置会话字符集语句和设置会话用户标识符语句；

连接管理一般有三个语句：连接语句、置连接语句与断开语句；

游标管理中一共设有四个 SQL 语句：定义游标、打开游标、推进游标和关闭游标；

诊断管理中一般仅有一个 SQL 语句，为获取诊断语句；

动态 SQL 管理中一般设七个 SQL 语句，包括：需要设置描述符区以利动态参数交互，共有两条 SQL 语句；需要存放及获取描述符，共有两条 SQL 语句；执行动态 SQL 语句，共有三条 SQL 语句。

9.2 答：见教材 9.1 节。

9.3 答：见教材 9.2 节。

9.4 答：见教材 9.3 节。

9.5 答：见教材 9.4 节。

9.6   答：见教材 9.5 节。

9.7   答：本章中的语句能基本完成数据交换的功能。

10.1   答：见教材 10.1 节。

10.2   答：见教材 10.2 节。

10.3   答：见教材 10.3.1 节。

10.4   答：见教材 10.3.2 节。

10.5～10.6   答：见教材 10.4 节。

11.1～11.2   答：见教材 11.1 节。

11.3   答：见教材 11.3 节。

11.4   答：见教材 11.3.4 节。

11.5   答：见教材 11.3.3 节。

11.6   答：见教材 11.5 节。

11.7   答：见教材 11.2 节。

11.8   答：见教材 11.2 节、11.3 节。

11.9   答：见教材 11.2 节。

11.10   答：见教材 11.4 节。

11.11   答：

SQL/PSM 是一种长期存储于服务器内的程序模块，需要用"模块定义语句"以建立模块，用"模块撤销语句"以撤销模块。

用 T-SQL 中的语句可以编程，以过程出现并存储于服务器内，称为存储过程。用 Create Procedure 创建存储过程；用 EXECUTE 调用存储过程；用 Drop Procedure 撤销已创建的存储过程。

12.1   答：见教材 12.1 节、12.2 节、12.4 节。

12.2   答：见教材 12.2 节。

12.3   答：见教材 12.4.1 节。

12.4～12.6   答：见教材 12.4.2 节。

12.7   答：见教材 12.3 节。

13.1   答：见教材 13.1 节、13.2 节、13.3 节。

13.2   答：见教材 13.3.1 节。

13.3   答：见教材 13.2.1 节。

13.4   答：见教材 13.2.2 节。

13.5～13.6   答：见教材 13.3.1 节。

13.7   答：见教材 13.3.2 节。

13.8   答：

1）C/S 与 B/S 间的差异

C/S 结构方式是网络上的一种基本分布式结构方式，由一个服务器 S（server）与多个客户机 C（client）所组成，它们间由网络相联并通过接口进行交互。

B/S 结构方式是基于互联网上的一种分布式结构方式，它是一种典型的三层结构方式，它一般由客户机、Web 服务器及数据库服务器等三部分组成。

2）ODBC 与 ADO 间的差异

ODBC 是一个层次结构体系，由四个部分组成：应用程序、驱动程序管理器、驱动程序和数据源。主要用于建立客户机与服务器间数据交互的接口，其工作流程可分为三个步骤：首先是建立应用程序与数据源的连接以确立会话关系，其次是向数据源发送 SQL 语句，数据源接到语句后作处理并将结果返回，最后断开与数据源的连接，所有这三个步骤都是通过应用程序调用 ODBC 函数实现的。

ADO 由三大组件组成，分别是 Connection 对象、RecordSet 对象及 Command 对象。在使用时与 ODBC 类似，有一定的次序，ADO 的操作流程需经历连接、处理与断开连接的三个步骤。

3）XML 数据库与 Web 数据库间的区别

在 Web 应用中目前存在着两种不同的数据形式，一种是半结构化的 XML，另一种是结构化的数据库。将 XML 与传统的数据库有效的结合为 Web 提供充足的数据支撑。

将 XML 与传统的数据库结合的方式有两种：一种是在数据库中适当扩充功能，使其能接纳 XML 的结构形式，这种紧密型方式的数据库称为 XML 数据库；另一种方式是在 XML 与数据库间建立接口，使两者能进行数据交流，特别是由数据库到 XML 的交流。这种松散型方式的数据库称为 Web 数据库。

14.1　答：见教材 14.1.1 节。

14.2　答：见教材 14.1.2 节。

14.3　答：见教材 14.2.1 节。

14.4　答：见教材 14.3.1 节。

14.5　答：见教材 14.3.2 节。

14.6　答：见教材 14.2.2 节。

14.7　答：见教材 14.4.1 节。

14.8　答：见教材 14.4.2 节。

14.9　答：见教材 14.6 节。

14.10　答：见教材 14.6 节。

15.1～15.2　答：见教材 15.1 节。

15.3　答：见教材 15.2 节。

15.4　答：见教材 15.3.2 节。

15.5　答：见教材 15.3.1 节。

15.6～15.9　答：略。

15.10　答：见教材 15.4 节。

15.11　答：见教材 15.5 节。

15.12　答：见教材 15.1 节。

16.1　答：见教材 16.1 节。

16.2　答：见教材 16.4 节。

16.3　答：

在网络环境中为了加强安全管理，将有关安全控制的设置与管理以及审计控制与管理的职能从 DBA 中单独分开，专门设置安全管理员及审计员。

安全管理员：负责维护数据库中数据的安全性。

审计员：负责对数据库作监控，及时处理数据库运行中的突发事件并对其性能作调整。

16.4　答：见教材 16.1 节。

16.5　答：见教材 16.3 节。

16.6　答：数据库管理可以充分发挥数据资源的作用，并对数据应用服务提供有效、优质的管理。

17.1　答：见教材 17.1 节。

17.2～17.4　答：见教材 17.2 节。

17.5　答：见教材 17.3 节。

17.6　答：见教材 17.3.1 节。

17.7　答：工程管理数据特点：结构复杂、数据量大、处理时间长。

17.8～17.11　答：见教材 17.3.2 节。

17.12～17.14　答：见教材 17.3.3 节。

17.15　答：见教材 17.4.2 节。

17.16　答：见教材 17.4 节。

17.17～17.18　答：见教材 17.4.3 节。

17.19　答：见教材 17.4.4 节。

17.20　答：见教材 17.4.2 节。

17.21　答：见教材 17.4.1 节。

附录二 第7章习题参考答案

7.1 数据库基础知识习题

一、单项选择题

(1) ～ (5) DABDC (6) ～ (10) CADCB (11) ～ (15) BDBAD

(16) ～ (20) CBAAA (21) ～ (25) BDACC (26) ～ (30) CDBBA

(31) ～ (35) BACBB (36) ～ (40) CBDCA (41) ～ (45) BCBBB

(46) ～ (50) CDBCB (51) ～ (55) AACDD (56) ～ (60) BBCAC

(61) ～ (62) DB

二、填空题

(1) ①人工管理 ②文件系统 ③数据库系统

(2) ①硬件系统 ②数据库集合 ③数据库管理系统及相关软件 ④数据库管理员 ⑤用户

(3) ①组织 ②共享

(4) ①数据库管理系统 ②用户 ③操作系统

(5) ①数据定义功能 ②数据操纵功能

(6) ①用户的应用程序 ②存储在外存上的数据库中的数据

(7) 关系模型

(8) ①现实世界 ②信息世界 ③计算机世界（或数据世界）

(9) ① l: l ② l: m ③ m: n

(10) ①数据结构 ②数据操作 ③完整性约束

(11) ①概念 ②数据

(12) DBMS

(13) 数据

(14) 可管理的资源

(15) DBA

(16) 集合

(17) 关系名（属性名1，属性名2，…，属性名n）

(18) ①系编号 ②无 ③学号 ④系编号

(19) 结构化查询语言

(20) 1) Insert Into R Values(25, '李明', '男', 21, '05031')

    2) Insert Into R(NO, NAME, CLASS)Values(30, '郑和', '05031')

    3) Update R Set Name = '王华' Where NO =10

    4) Update R Set CLASS = '05091' Where CLASS = '05101'

    5) Delete From R Where NO =20

    6) Delete From R Where NAME LIKE '王%'

(21) 解决插入、删除和修改异常及数据冗余度高的问题

(22) ①1NF ②模式分解（消去部分函数依赖） ③模式分解（消去传递函数依赖）

(23) ①关系连接 ②函数依赖

(24) ①数据定义功能 ②数据管理功能 ③数据操纵功能 ④数据控制功能

(25) ①安全控制 ②完整性控制 ③ 并发控制 ④数据库的故障恢复

(26) 数据库安全控制

(27) ①设置功能 ②检查功能 ③ 处理功能

（28）①实体完整性规则　②参照完整性规则　③用户自定义的完整性规则

（29）①原子性　②一致性　③隔离性　④持久性

（30）①数据冗余　②事务

（31）①数据转储　②日志　③事务撤销与重做

（32）①数据的使用者　②数据库

（33）游标

（34）①定义游标　②打开游标　③推进游标　④关闭游标

（35）①数据交换准备　②数据连接　③数据交换　④断开连接

三、简答题

（1）主要任务包括对数据进行分类、组织、编码、存储、检索和维护。主要目的是提高数据处理效率。

（2）～（7）略。

（8）数据库的物理结构改变时，应用程序不用修改，保证了数据与程序的物理独立性。（数据库中的学生表由 D：\ 改存为 E：\）

数据库的逻辑结构改变时，应用程序不用修改，保证了数据与程序的逻辑独立性。（数据库中的学生表的学号字段由 int 改为 char）

（9）过程性语言：用户编程时，不仅需要指出"做什么"，还需要指出"怎么做"的语言。（层次、网状数据库）

非过程性语言：用户编程时，只需指出"做什么"，不需要指出"怎么做"的语言。（关系数据库）

（10）1）、2）略。

3）定义：

关系的描述称为关系模式（Relation Schema）。它可以形式化的表示为：$R（U,D,dom,F）$，其中 R 为关系名，U 为组成该关系的属性名集合，D 为属性组 U 中属性所来自的域，dom 为属性向域的映像集合，F 为属性间数据的依赖关系集合。

关系数据库的型也称为关系数据库模式，是对关系数据库的描述，它包括若干域的定义以及在这些域上定义的若干关系模式。关系数据库的值是这些关系模式在某一时刻对应的关系的集合，通常就称为关系数据库。

联系与区别：关系数据库中，关系模式是型，关系是值；关系是关系模式在某一时刻的状态或内容。关系模式是静态的、稳定的，而关系是动态的，随时间不断变化的。

（11）略。

（12）数据不一致性是指数据的矛盾性、不相容性。

产生数据不一致的原因主要有以下三种：一是由于数据冗余造成的；二是由于并发控制不当造成的；三是由于各种故障、错误造成的。

第一种情况的出现往往是由于重复存放的数据未能进行一致性的更新造成的。例如教师工资的调整，如果人事处的工资数据已经改动了，而财务处的工资数据未改变，就会产生矛盾的工资数。

第二种情况是由于多用户共享数据库，而更新操作未能保持同步进行而引起。例如，在飞机票订购系统中，如果不同的两个购票点同时查询某张机票的订购情况，而且分别为顾客订购了这张机票，就会造成一张机票分别卖给两名顾客的情况。这是由于系统没有进行并发控制，所以造成了数据的不一致性。

第三种情况下，当由于某种原因（如硬件故障或软件故障）而造成数据丢失或数据损坏，要根据各种数据库维护手段（如转存、日志等）和数据恢复措施将数据库恢复到某个正确的、完整的、一致性的状态下。

数据库系统考虑了各种破坏数据一致性的因素，并采取了一些相应的措施来维护数据库的一致性。例如提供了并发控制的手段，提供了存储、恢复、日志等功能。

(13) ~ (14) 略。

四、综合题

(1)

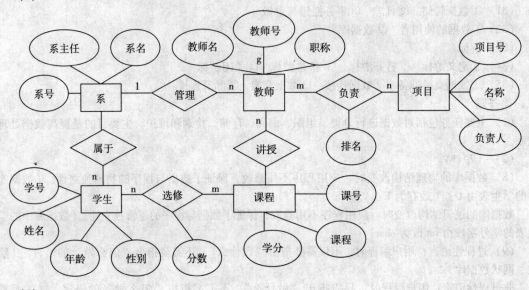

(2)

1) $\Pi_{C\#, CNAME}(\sigma_{TEACHER = '程军'}(C))$

2) $\Pi_{S\#, CNAME}(\sigma_{AGE > 2 \wedge SEX = '男'}(S))$

3) $\Pi_{C\#}(C) - \Pi_{C\#}(\sigma_{NAME = '李强'}(S)SC)$

4) $\Pi_{S\#}(SC \bowtie \Pi_{C\#}(\sigma_{TEACHER = '程军'}(C)))$

5) $\Pi_{S\#, SNAME}(S \bowtie \Pi_{S \bowtie\#}(SC \bowtie (\sigma_{CNAME = 'C语言'}(C))))$

(3)

1) Select SN, SD From S
   Where [S#] In (
     Select [S#] From C, SC
       Where C. [C#] = SC. [C#] And CN = '税收基础')

2) Select S. SN, S. SD From S, SC
     Where S. [S#] = SC. [S#] And SC. [C#] = 'C2'

3) Select SN, SD From S
   Where[S#]NOT IN(
     Select[S#]From SC Where[C#] = 'C5')

4) Select SN, SD From S
   Where[S#]In(
   Select[S#]From SC
     Right Join C On SC. [C#] = C. [C#]
     Group By[S#]
     Having COUNT(*) = COUNT([S#]))

5) Select 学员人数 = COUNT(Distinct[S#])From SC

6) Select SN, SD From S
   Where[S#]In(
     Select[S#]From SC

```
Group By[S#]
    Having COUNT(Distinct[C#])>5)
```

7.2　数据库操作习题

一、单项选择题

（1）～（5）　CADCC　　　　（6）～（10）BDBAD　　　（11）～（15）ADBCB

（16）～（20）CABCC　　　　（21）～（25）DDBBB　　　（26）～（30）AADCB

（31）～（34）CDAD

二、填空题

（1）企业管理器

（2）服务管理器

（3）一个

（4）系统

（5）master

（6）①表　②视图

（7）主键

（8）①基本表或视图　②定义　③结果

（9）①SELECT　②FROM　③WHERE

（10）子查询

（11）安全

（12）①@　②@@

（13）查询成绩与课程号为"002"的平均成绩相等的学生的学号

（14）①操作　②数据域　③用户

（15）①insert　②update　③delete

（16）①实体　②参照　③用户自定义

（17）①主键　②唯一性　③外键　④默认值　⑤检查

（18）备份

（19）①Windows　②混合

（20）①身份　②访问控制

（21）①完全　②差异　③日志　④文件或文件组

（22）①打开　②关闭　③撤销

（23）该列的值不能为空

（24）①插入　②删除　③修改

（25）服务器

三、判断题

（1）～（5）TFFTF　　　（6）F

四、问答题

（1）Master 数据库：是 SQL Server 系统最重要的数据库。它记录了 SQL Server 系统的所有系统信息。

Model 数据库：是所有用户数据库和 Tempdb 数据库的模板数据库。

Msdb 数据库：是代理服务数据库。

Tempdb 数据库：是一个临时数据库。

Pubs 和 Northwind 数据库：是 SQL Server 自带的两个实例数据库，可以作为 SQL Server 的学习工具。

（2）管理 SQL Server 服务器；创建和管理数据库；创建和管理表、视图、存储过程、触发程序等数据库对象；备份数据库和事务日志、恢复数据库；复制数据库；设置任务调度；设置警报；提供跨服务器的拖放控制操作；管理用户账户；建立 Transact—SQL 命令语句以及管理和控制 SQL Mail。

（3）"对象浏览"窗口：可以使用"对象浏览"窗口查看数据库及数据库中的子对象，也可以查看公用对象，还可以通过选择"对象浏览"窗口下部的"模板"选项卡，根据系统提供的模板快速创建数据库中的对象。

"查询"窗口和"结果显示"窗口：用户可以在"查询"窗口中输入 SQL 语句，输入完毕后单击工具栏上的"执行查询"按钮，即可以立即执行输入的 SQL 语句。语句的执行结果将显示在"结果显示"窗口中。

"打开表"窗口：此窗口可以直观的查看或修改数据表中的记录。

（4）逻辑存储结构：指数据库由哪些性质的信息组成。SQL Server 数据库不仅存储数据，而且存储所有与数据处理相关的信息。

物理存储结构：讨论数据库文件如何在磁盘上存储。数据库在磁盘上是以文件为单位存储的，由数据库文件和事务日志文件组成。

（5）主键约束：它能够唯一地确定表中的每一条记录，主键不能取空值，主键约束可以保证实体的完整性。

唯一性约束：用于指定一个或多个列的组合值具有唯一性，以防止在列中输入重复的值。

检查约束：对输入列或整个表中的值设置检查条件，以限制输入值，保证数据库数据的完整性。

默认约束：在插入操作中没有提供输入值时，系统自动指定值。

外键约束：用来维护两个表之间数据的一致性，实现表之间的参照完整性。

（6）可以大大加快数据检索速度；通过创建唯一索引，可以保证数据记录的唯一性；在使用 Order by 和 Group By 子句检索数据时，可以显著减少查询中分组和排序的时间；使用索引在检索数据的过程中使用优化隐藏器，提高系统性能；可以加速表与表之间的连接。

（7）聚集索引：聚集索引对表在物理数据页中的数据排列进行排序，然后重新存储到磁盘上，表中的数据行只能以一种方式存储在磁盘上，故一个表只能有一个聚集索引。创建任何非聚集索引之前必须创建聚集索引。

非聚集索引：非聚集索引具有完全独立于数据行的结构，使用非聚集索引不会影响数据表中记录的实际存储顺序。

（8）实现模块化编程，一个存储过程可以被多个用户共享和重用

存储过程具有对数据库立即访问的功能

使用存储过程可以加快程序的运行速度

使用存储过程可以减少网络的流量

使用存储过程可以提高数据库的安全性

（9）触发器是一种特殊类型的存储过程，它不同与一般的存储过程。一般的存储过程通过过程名称被直接调用，而触发器主要是通过事件进行触发而执行。触发器是一个功能强大的工具，它与表紧密相连，在表中数据发生变化时自动强制执行。

（10）SQL Server 身份验证：当用户想要连接到 SQL Server 上时，必须提供一个已经存在的 SQL Server 登录账户和密码。

windows 身份验证：使用 windows 身份验证时，被授权连接 SQL Server 的 windows NT/2000 用户账户或组账户在连接 SQL Server 时不需要提供登录账户和密码。

（11）系统管理员、服务器管理员、磁盘管理员、进程管理员、安全管理员、安装管理员、数据库创建者、大容量插入操作管理者。

（12）public、db_owner、db_accessadmin、db_addladmin、db_securityadmin、db_backupoperator、db_datareader、db_datawriter、db_denydatareader、db_denydatawriter。

（13）对象权限：表示对数据库的操作对象的操作权限，它决定了能对表、视图等数据库对象执行哪些操作。

语句权限：表示对数据库的操作权限，即创建数据库或者创建数据库中的其他内容所需要权限类型。

预定义权限：指系统安装以后有些用户和角色不必授权就有的权限。

（14）完全数据库备份：完全数据库备份是对所有数据库操作和事务日志中的事务进行备份。

差异备份：是对最近一次数据库备份以来发生的数据变化进行备份。

事务日志备份：是对数据库发生的事务进行备份。

数据库文件和文件组备份。

（15）在进行备份以前必须创建或指定备份设备，备份设备是用来存储数据库、事务日志或文件和文件组备份的存储介质，可以是硬盘、磁带或管道。

五、综合题

（1）

1）Select SNAME From S

  Where NOT EXISTS（

   Select＊From SC, C

    Where SC. CNO = C. CNO And CNAME = '李明' And SC. SNO = S. SNO)

2）Select S. SNO, S. SNAME, AVG_SCGRADE = AVG (SC. SCGRADE)

  From S, SC, (

   Select SNO From SC

    Where SCGRADE < 60

    Group By SNO

     Having COUNT (Distinct CNO) > = 2) A

   Where S. SNO = A. SNO And SC. SNO = A. SNO

   GROUP BY S. SNO, S. SNAME

3）Select S. SNO, S. SNAME

  From S, (

   Select SC. SNO From SC, C

   Where SC. CNO = C. CNO And C. CNAME In ('1', '2')

   Group By SNO

    Having COUNT (Distinct CNO) = 2) SC

  WHERE S. SNO = SC. SNO

4）Select S. SNO, S. SNAME

  From S, (

   Select SC1. SNO

   From SC SC1, C C1, SC SC2, C C2

   Where SC1. CNO = C1. CNO And C1. NAME = '1'

    And SC2. CNO = C2. CNO And C2. NAME = '2'

    And SC1. SCGRADE > SC2. SCGRADE) SC

  WHERE S. SNO = SC. SNO

5）Select S. SNO, S. SNAME, SC. [1 号课成绩], SC. [2 号课成绩]

  From S, (

   Select SC1. SNO, [1 号课成绩] = SC1. SCGRADE, [2 号课成绩] = SC2. SCGRADE

   From SC SC1, C C1, SC SC2, C C2

   Where SC1. CNO = C1. CNO AND C1. NAME = '1'

    And SC2. CNO = C2. CNO AND C2. NAME = '2'

    And SC1. SCGRADE > SC2. SCGRADE) SC

```
          Where S. SNO = SC. SNO
    (2)
1) Select SQL2000 As SQL 数据库, flash As 网络动画, net As 计算机网络
       From computer
       Where sex = '男'
2) Select SQL2000 As SQL 数据库
    From computer
    Where sex = '女' And SQL2000 > = 90
3) Select SQL2000 As SQL 数据库, flash As 网络动画, net As 计算机网络
    From computer
    Where sex = '男' And (SQL2000 < 60 Or flash < 60 Or net < 60)
4) Select SQL2000 + flash + net As 总分, ((SQL2000 + flash + net)/3)As 平均分
    From computer
    Order By SQL2000 + flash + net Desc
5) Select *
    From computer
    Where flash BETWEEN 70 AND 79
6) Select *
       From computer
       Where sex = '男' And LEFT (name, 1) In ('李', '陈')
或者
    Select *
       From computer
       Where sex = '男' And (name LIKE '李' Or name LIKE '陈')
7) Select num As 学号, SQL2000 As SQL 数据库, flash As 网络动画, net As 计算机网络
       From computer
       Where num% 2 = 0
8) Select Top 5 *
       From computer
       Order By flash Desc
9) Update computer
       Set net = 60
       Where net BETWEEN 55 AND 59
10) Select COUNT (*)
        From computer
        Where (SQL2000 + flash + net)/3 > = 90
    (3)
1) Create Table BORROW (
       CNO int Foreign Key References CARD (CNO),
       BNO int Foreign Key References BOOKS (BNO),
       RDATE Datetime,
       Primary Key (CNO, BNO))
2) Select CNO, 借图书册数 = COUNT (*)
    From BORROW
    Group By CNO
```

```
      Having COUNT(*)>5
3) Select*From CARD c
   Where EXISTS(
     Select*From BORROW a, BOOKS b
     Where a.BNO=b.BNO And b.BNAME='水浒' And a.CNO=c.CNO)
4) Select*From BORROW
   Where RDATE<GETDATE()
5) Select BNO, BNAME, AUTHOR From BOOKS
   Where BNAME LIKE'% 网络% '
6) Select BNO, BNAME, AUTHOR From BOOKS
   Where PRICE=(
     Select MAX(PRICE) From BOOKS)
7) Select a.CNO
   From BORROW a, BOOKS b
   Where a.BNO=b.BNO And b.BNAME='计算方法'
     And NOT EXISTS(
       Select*From BORROW aa, BOOKS bb
       Where aa.BNO=bb.BNO And bb.BNAME='计算方法习题集'
   And aa.CNO=a.CNO)
   Order By a.CNO Desc
8) Update b Set RDATE=DATEADD(Day, 7, b.RDATE)
     From CARD a, BORROW b
     Where a.CNO=b.CNO And a.CLASS='C01'
9) Delete From BOOKS a
   Where NOT EXISTS(
     Select*From BORROW Where BNO=a.BNO)
10) Create Clustered Index IDX_BOOKS_BNAME On BOOKS(BNAME)
11) Create Trigger TR_SAVE On BORROW
     For Insert, Update
     As
       If @ @ ROWCOUNT>0
       Insert BORROW_SAVE Select i.*
       From INSERTED i, BOOKS b
         Where i.BNO=b.BNO AND b.BNAME='数据库技术及应用'
12) Create View V_VIEW
    As
       Select a.NAME, b.BNAME
       From BORROW ab, CARD a, BOOKS b
       Where ab.CNO=a.CNO And ab.BNO=b.BNO And a.CLASS='C01'
13) Select a.CNO
    From BORROW a, BOOKS b
    Where a.BNO=b.BNO And b.BNAME In('计算方法', '组合数学')
    Group By a.CNO
    Having COUNT(*)=2
    Order By a.CNO Desc
```

14) Alter Table BOOKS Add Primary Key(BNO)

15) (a)Alter Table CARD Alter Column NAME Varchar(10)

(b)Alter Table CARD Add 系名 Varchar(20)

7.3 数据库开发应用习题

一、单项选择题

(1) C	(2) D	(3) B	(4) B	(5) B	(6) C
(7) A	(8) D	(9) D	(10) D	(11) C	(12) A
(13) C	(14) B	(15) D	(16) C	(17) B	(18) B
(19) A	(20) C	(21) A	(22) B	(23) C	(24) D

二、填空题

(1) ①需求分析　②概念设计　③逻辑设计　④物理设计

(2) 数据字典

(3) 物理

(4) ①属性冲突　②命名冲突　③结构冲突

(5) ①与特定的 DBMS 无关的，但为一般的关系模型、网状模型或层次模型所表示的一般模型 ②一般模型 ③特定 DBMS 支持的逻辑模型

三、问答题

(1) 略。

(2) 数据库设计有两个特点：

1) 进行数据库系统设计时应考虑到计算机硬件、软件和用户的实际情况，即要求数据库设计时，必须适应所在的计算机硬件环境，选择合适的 DBMS，了解并提高数据库用户的技术水平和管理水平。

2) 数据库系统设计时应使结构特性设计和行为特性设计紧密结合。数据库设计时，结构设计和行为设计应分离设计、相互参照、反复探寻，共同达到设计目标。

(3)~(5) 略。

(6) 概念结构设计是将系统需求分析得到的用户需求抽象为信息结构过程，概念结构设计的结果是数据库的概念模型。概念结构能转化为机器世界中的数据模型，并用 DBMS 实现这些需求。

概念结构的设计可分为两步：第一步是抽象数据并设计局部视图；第二步是集成局部视图，得到全局的概念结构。

(7) E-R 图是描述现实世界的概念模型的图形，E-R 图也称为实体—联系图，它提供了表示实体集、属性和联系的方法。构成 E-R 图的基本要素是实体集、属性和联系。

(8) 略。

(9) 将 E-R 图中的实体与联系分别表示成关系表，E-R 图中属性转换成关系表的属性。

四、综合题

(1)

1) 学生选课局部 E-R 图、教师任课局部 E-R 图如下图所示：

2) 合并的全局 E-R 图如下图所示：

为避免图形复杂，图中只给出了实体，实体的各属性如下：

单位：单位名、电话

学生：学号、姓名、性别、年龄

教师：教师号、姓名、性别、职称

课程：编号、课程名

3) 该全局 E-R 图转换为等价的关系模型表示的数据库逻辑结构如下：

单位（单位名，电话）

教师（教师号，姓名，性别，职称，单位名）

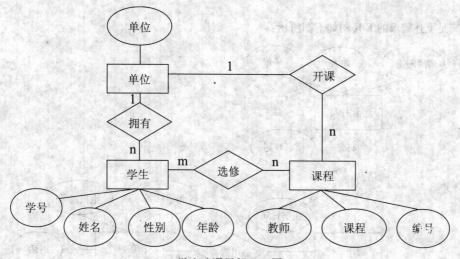

学生选课局部 E-R 图

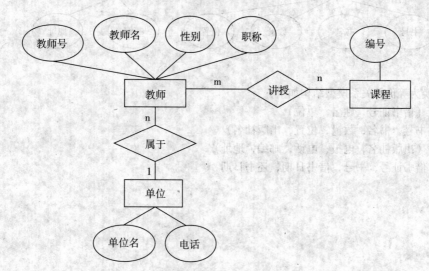

教师任课局部 E-R 图

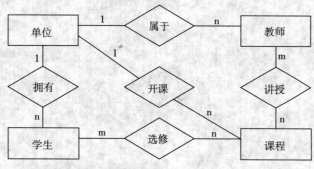

合并的全局 E-R 图

课程（课程编号，课程名，单位名）
学生（学号，姓名，性别，年龄，单位名）
讲授（教师号，课程编号）
选修（学号，课程编号）

（2）

1）满足上述需求的 E-R 图如下图所示：

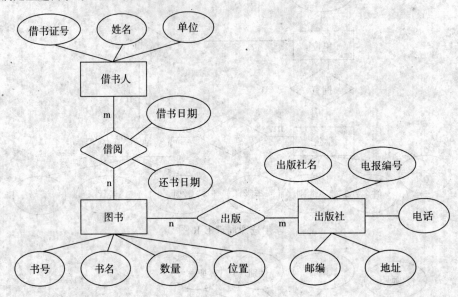

2）转换为等价的关系模型结构如下：

借书人（借书证号，姓名，单位）

图书（书号，书名，数量，位置，出版社名）

出版社（出版社名，电报，电话，邮编，地址）

借阅（借书证号，书号，借书日期，还书日期）

附录三　第9章复习自测题参考答案

模拟试卷一参考答案及评分标准

一、单项选择题（每小题2分，共30分）

ACBBD　　　　CCDCD　　　　CCCDB

二、名词解释（每小题3分，共15分）

（1）DBS

答案：指数据库系统，是一种采用数据库技术的计算机系统，由以下五部分组成：数据库、数据库管理系统、数据库管理员、硬件平台、软件平台。

评分标准：答对得3分，答对基本概念可得2分，答错或未答均无分。

（2）授权

答案：为了保证数据库的安全性，系统为不同的用户分配不同的存取权限，称之为授权。

评分标准：答对得3分，答对基本概念可得2分，答错或未答均无分。

（3）死锁

答案：设有两个等待执行的事务T1、T2，其中T1正在等待被T2锁住的数据对象，T2正在等待被T1锁住的数据对象，形成循环等待，若不加干预，会一直等待下去，这种情况称为死锁。

评分标准：答对得3分，答对基本概念可得2分，答错或未答均无分。

（4）3NF

答案：若关系模式R的每个非主属性既不部分依赖也不传递依赖于键，则称R满足3NF。

评分标准：答对得3分，答对基本概念可得2分，答错或未答均无分。

（5）ODBC

答案：开放数据库连接。

评分标准：答对得3分，答对基本概念可得2分，答错或未答均无分。

三、简答题（每小题5分，共15分）

（1）简述事务及其特性。

答案：事务是数据库应用程序的基本逻辑工作单位，其中包括若干个数据库操作，构成了一个操作序列，它们要么全做，要么全不做，是一个不可分割的基本工作单位。

事务的特性有：原子性、一致性、隔离性、持久性。

评分标准：答对得5分，少一点扣1分，答错或未答均无分。

（2）简述数据库系统的特点。

答案：1）数据的集成性；

2）数据的冗余度小；

3）实现数据共享；

4）数据独立性；

5）数据由DBMS统一管理和控制。

评分标准：答对得5分，少一点扣1分，答错或未答均无分。

（3）简述数据独立性与数据库三级模式结构的关系。

答案：

1）数据库三级模式结构是外模式、模式与内模式，三级模式结构提供了外模式/模式与模式/内模式两级映像关系；

2）当模式发生变化时，修改外模式/模式映像，可以使得外模式保持不变，保证了数据与程序的逻辑独立性；

3）当内模式发生变化时，修改模式/内模式映像，可以使得模式保持不变，保证了数据与程序的物理独立性。

评分标准：答对得 5 分，少一点扣 1 分，答错或未答均无分。

四、操作题（第 1 题 20 分，第 2 题 10 分，共 30 分）

（1）试用 SQL 语言完成以下查询：

1）定义上述两表。

答案：Create Table EMP

    （ENO Char(6)，

    ENAME Varchar(10)Not NULL，

    SALARY Smallint，

    DNO Char(6)，

    Primary Key(ENO)，

    Foreign Key(DNO)References DEPT(DNO))；

评分标准：答对得 3 分，有一个小错误扣 1 分，答错或未答均无分。

    Create Table DEPT

    （DNO Char(6)，

    DNAME Varchar(20)Unique，

    MANAGER Char(6)，

    Primary Key(DNO))；

评分标准：答对得 2 分，有一个小错误扣 1 分，答错或未答均无分。

2）查询"销售部"的职工名单，包括职工号、姓名、工资。

答案：Select ENO，ENAME，SALARY

    From EMP

    Where DNO =

    （Select DNO From DEPT Where DNAME ='销售部')；

评分标准：答对得 3 分，有一个小错误扣 1 分，答错或未答均无分。

3）列出各部门职工的平均工资。

答案：Select DNO，AVG(SALARY)

    From EMP

    Group By DNO；

评分标准：答对得 3 分，有一个小错误扣 1 分，答错或未答均无分。

4）列出平均工资小于 600 元的部门的名称。

答案：Select DNAME

    From DEPT

    Where DNO In

    （Select DNO From EMP

    Group By DNO Having AVG(SALARY) <600)；

评分标准：答对得 3 分，有一个小错误扣 1 分，答错或未答均无分。

5）请将"销售部"的那些工资数额低于 600 的职工的工资上调 10%。

答案：Update EMP Set SALARY = SALARY * 1.1

    Where SALARY <600 And DNO =

    （Select DNO From DEPT Where DNAME ='销售部')；

评分标准：答对得 3 分，有一个小错误扣 1 分，答错或未答均无分。

6）建立"销售部"员工工资视图 V_S(职工号,职工名,工资)。

答案：Create View V_S(职工号，职工号，工资)

```
    As(Select ENO, ENAME, SALARY
        From DEPT, EMP
        Where DEPT.DNO = EMP.DNO And DNAME = '销售部');
```

评分标准：答对得 3 分，有一个小错误扣 1 分，答错或未答均无分。

（2）编写存储过程。

答案：

```
Create Procedure searchsno
As
    Declare @ sno Char(6)
    Declare mycursor Cursor For
    Select sno From sc Where grade >85
    Open mycursor
    Fetch Next From mycursor Into @ sno
    While(@ @ fetch_ status =0)
    Begin
        Print @ sno
        Fetch Next From mycursor Into @ sno
    End
    Close mycursor
    Deallocate mycursor
Return
```

评分标准：答对得 10 分，有一个小错误扣 1 分，答错或未答均无分。

五、设计题（共 10 分）

（1）答案：

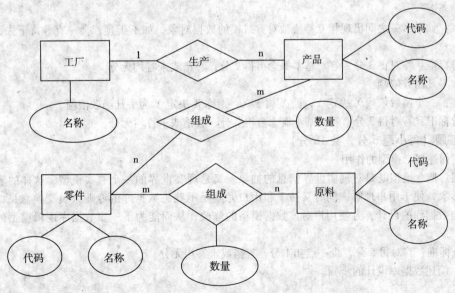

评分标准：答对得 5 分，少一个联系扣 1 分，错一个属性或联系类型扣 1 分，答错或未答均无分。

（2）答案：

产品表：

产品代码	产品名称

零件表：

零件代码	零件名称

产品－零件联系表：

产品代码	零件代码	数量

评分标准：答对得 5 分，少一个表扣 2 分，错一个属性或联系类型扣 1 分，答错或未答均无分。

模拟试卷二参考答案及评分标准

一、单项选择题（每小题 2 分，共 30 分）

BACAC　　BBACA　　DDBAB

二、名词解释（每小题 3 分，共 15 分）

（1）DBMS

答案：数据库管理软件是位于用户和操作系统之间的一层数据管理软件，包括如下功能：数据定义功能；数据操纵功能；数据库的运行管理；数据库的建立和维护功能。

评分标准：答对得 5 分，少一点扣 1 分，答错或未答均无分。

（2）数据库安全性

答案：防止非法用户使用数据库造成数据泄露、更改或破坏，以达到保护数据库的目的。

评分标准：答对得 3 分，答对基本概念可得 2 分，答错或未答均无分。

（3）事务

答案：事务是数据库应用程序的基本逻辑工作单位，其中包括若干个数据库操作，构成了一个操作序列，它们要么全做，要么全不做，是一个不可分割的基本工作单位。

评分标准：答对得 3 分，答对基本概念可得 2 分，答错或未答均无分。

（4）死锁

答案：如果事务之间出现相互等待被对方封锁的数据对象，如不干预，会一直等待下去，这叫做死锁。

评分标准：答对得 3 分，答对基本概念可得 2 分，答错或未答均无分。

（5）平凡函数依赖

答案：一个函数依赖 X 决定 Y，而 Y 属于 X，则称 X 决定 Y 为平凡函数依赖。

评分标准：答对得 3 分，答对基本概念可得 2 分，答错或未答均无分。

三、简答题（每小题 5 分，共 15 分）

（1）简述概念模型的作用。

答案：概念模型既是对现实世界信息的抽象，又是现实世界的一个真实模型，这样的表达方式直观、形象，便于用户理解，同时又易于和用户尤其是不熟悉数据库的专业人员交换意见，使用户易于参与数据库的设计，方便用户对该数据模型的修改，从而能为下一步数据库逻辑模型的实现打下基础。

评分标准：答对得 5 分，少一点扣 1 分，答错或未答均无分。

（2）简述数据库设计的步骤。

答案：

需求分析阶段→概念设计阶段→逻辑设计阶段→物理设计阶段→数据库实施阶段。

评分标准：答对得 5 分，少一点扣 1 分，答错或未答均无分。

（3）简述并发操作会引发的问题。

答案：丢失更新、读值不可复现、读"脏"数据。

评分标准：答对得 5 分，少一点扣 2 分，答错或未答均无分。

四、操作题（第1题20分，第2题10分，共30分）

（1）试用 SQL 语句完成以下操作：

1）定义上述三个表。

答案：Create Table 图书

```
(图书号        char(10)primary key,
 书名          varchar(50),
 作者          varchar(20),
 单价          decimal(5, 2),
 库存量        smallint);
```

评分标准：答对得3分，有一个小错误扣1分，答错或未答均无分。

答案：Create Table 读者

```
(读者号        char(10)primary key,
 姓名          varchar(20),
 工作单位      varchar(50),
 地址          varchar(50));
```

评分标准：答对得2分，有一个小错误扣1分，答错或未答均无分。

答案：Create Table 借阅

```
( 图书号       char(10),
  读者号       char(10),
  借期         date,
  还期         date
  Primary key(图书号，读者号),
  Foreign key 图书号 references 图书 (图书号),
  Foreign key 读者号 references 读者 (读者号));
```

评分标准：答对得3分，有一个小错误扣1分，答错或未答均无分。

2）查询有关"数据库"的全部图书信息。

答案：Select*

```
From 图书
Where 书名 Like '% 数据库% ';
```

评分标准：答对得3分，有一个小错误扣1分，答错或未答均无分。

3）查询借阅"大学英语"未还的读者姓名。

答案：Select 姓名

```
From 读者
Where 读者号 In
  Select 读者号
  From 借阅
  Where 还期 Is NULL
  And 图书号 =
    (Select 图书号
    From 图书
    Where 书名 = '大学英语');
```

评分标准：答对得3分，有一个小错误扣1分，答错或未答均无分。

4）列出借阅图书10次以上的读者，显示读者号与姓名。

答案：Select 读者号，姓名

```
From 读者
```

```
        Where 读者号 In
          (Select 读者号
          From 借阅
          Group By 读者号
          Having COUNT( * ) >10);
```

评分标准：答对得 3 分，有一个小错误扣 1 分，答错或未答均无分。

5）将借阅记录"2005 年 6 月 1 号'R016'号读者借阅'B809'号图书"插入借阅表中。

答案：Insert Into 借阅(图书号，读者号，借期)

```
          Values ('B809', 'R016', 20050601);
```

评分标准：答对得 3 分，有一个小错误扣 1 分，答错或未答均无分。

（2）编写存储过程：

答案：

```
        Create Procedure searchname @ age Smallint
        As
        Declare @ name Varchar (10)
        Declare abc Cursor For
        Select sname From s Where sage = @ age
        Open abc
        Fetch Next From abc Into @ name
        While(@ @ fetch_ status =0)
        Begin
          Print @ name
          Fetch Next From abc Into @ name
        End
        Close abc
        Deallocate abc
        Return
```

评分标准：答对得 10 分，有一个小错误扣 1 分，答错或未答均无分。

五、设计题（共 10 分）

（1）答案：

评分标准：答对得 5 分，少一个联系或实体扣 2 分，错一个属性或联系类型扣 1 分，答错或未答均无分。

（2）答案：

学生表：

学号	姓名	性别	班级

班级表：

班级号	班主任

评分标准：答对得 5 分，少一个表扣 2 分，错一个属性或联系类型扣 1 分，答错或未答均无分。

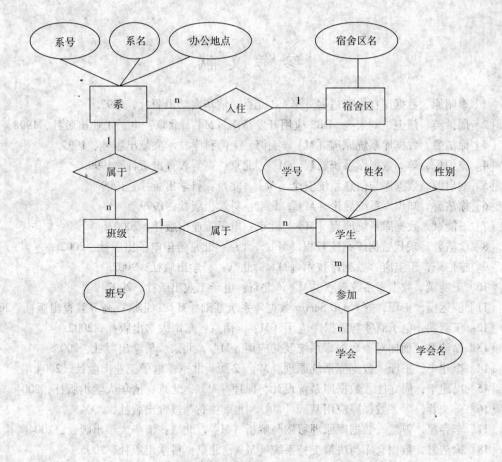

参 考 文 献

[1] 李昭原. 数据库技术新进展 [M]. 北京: 清华大学出版社, 1997.

[2] 周傲英, 汪卫, 刘宏亮. DB2 应用开发指南 [M]. 北京: 电子工业出版社, 1998.

[3] 徐洁磐. 数据库系统原理 [M]. 上海: 上海科学技术文献出版社, 1999.

[4] 施伯乐, 等. 数据库系统教程 [M]. 北京: 高等教育出版社, 1999.

[5] 刘启源. 数据库与信息系统安全 [M]. 北京: 科学出版社, 1999.

[6] 徐洁磐. 知识库系统导论 [M]. 北京: 科学出版社, 1999.

[7] 王能斌. 数据库系统原理 [M]. 北京: 电子工业出版社, 2000.

[8] 徐洁磐. 现代数据库系统教程 [M]. 北京: 北京希望电子出版社, 2002.

[9] 施伯乐, 丁宝康. 数据库技术 [M]. 北京: 科学出版社, 2002.

[10] 王能斌. 数据库系统教程 [M]. 北京: 电子工业出版社, 2002.

[11] 罗运模, 王珊, 等. SQL Server 数据库系统基础 [M]. 北京: 高等教育出版社, 2002.

[12] 王贺朝. 电子商务与数据库应用 [M]. 南京: 东南大学出版社, 2002.

[13] 徐洁磐. 面向对象数据库系统及其应用 [M]. 北京: 科学出版社, 2003.

[14] 李建中, 王珊. 数据库系统原理 [M]. 2 版. 北京: 电子工业出版社, 2004.

[15] 冯建华, 周立柱. 数据库系统设计与原理 [M]. 北京: 清华大学出版社, 2004.

[16] 蒋文蓉, 等. 数据库应用基础 [M]. 北京: 高等教育出版社, 2004.

[17] 李春葆, 曾慧. 数据库原理习题与解析 [M]. 北京: 清华大学出版社, 2004.

[18] 徐洁磐. 数据仓库与决策支持系统 [M]. 北京: 科学出版社, 2005.

[19] 许龙飞, 等. Web 数据库技术与应用 [M]. 北京: 科学出版社, 2005.

[20] 苗雪兰, 刘瑞新, 等. 数据库技术及应用实验指导与习题解答 [M]. 北京: 机械工业出版社, 2005.

[21] 邵佩英. 分布式数据库系统及其应用 [M]. 2 版. 北京: 科学出版社, 2005.

[22] 王珊, 萨师煊. 数据库系统概论 [M]. 4 版. 北京: 高等教育出版社, 2000.

[23] 徐洁磐, 等. 数据库系统实用教程 [M]. 北京: 高等教育出版社, 2006.

[24] 徐洁磐, 张剡, 等. 现代数据库实用教程 [M]. 北京: 人民邮电出版社, 2006.

[25] 徐洁磐, 常本勤. 数据库技术原理与应用教程 [M]. 北京: 机械工业出版社, 2008.

[26] R Karts. Knowledge Base System [M]. Addison-Wesley, 1996.

[27] ISO. ISO/IEC 9075: 1992, Information Technology-Database Languages-SQL [S]. 1996.

[28] Immon W H. Building the Data Warehouse [M]. 2nd ed. John Wiley&Sons, Inc., 1996.

[29] Grant J. Logical Introduction to Database [M]. HBJ, 1996.

[30] Date C J. Database Primer [M]. Computer Science, 1997.

[31] Elmasri R. Fundamentals of Database Systems [M]. McGraw-Hill, 1997.

[32] Samet H. The Design and Analysis of Object-Oriented Database [M]. Addison-Wesley, 1998.

[33] Silbersdaatg A. Database System Concepts [M]. McGraw-Hill Companies, Inc., 1999.

[34] Date C J. An Introduction to Database System [M]. 7th Edition. Addison-Wesley, 2000.

[35] Han J. Data Mining Concepts and Techniques [M]. Academic, 2001.

[36] Stephens R K. Database Design ［M］. McGraw-Hill Companies, Inc. , 2001.

[37] Kroenke D. M. Databse Processing: Fundamentals, Design and Implementation ［M］. 8th Edition. Prentice Hall, 2002.

[38] Lewis. Databse and Transaction Processing—An Application-Oriented Approach ［M］. Addison-Wesley, 2002.

[39] ISO. ISO/IEC 9075: 2003, Information Technology-Database Languages-SQL ［S］. 2003.

[40] Christopher Alien, Introduction to Relational Database and SQL programming ［M］. McGraw-Hill, Companies. Inc. , 2004.

[41] David M. Kroenke. Database Concepts ［M］. 2nd Editon. Prentice Hall, 2005.

普通高等院校计算机课程规划教材

- ◎ 定位：面向应用、面向实际、面向教学。
- ◎ 理念：重视理论与实际结合，强化思维方式和实践能力的训练。
- ◎ 新颖：不断增加新品种，力求反映教学改革成果和就业市场对于人才素质的要求。
- ◎ 严谨：每本教材都经过编委会的精心筛选和严格评审。
- ◎ 配套：主教材+多媒体电子教案+习题和实验指导+其他教学资源。

离散数学基础教程
作者：徐洁磐
2009年6月出版
估价：28.00元

C++程序设计教程
作者：皮德常
ISBN 7-111-26247-3
定价：36.00元

数据库技术原理与应用教程
作者：徐洁磐、常本勤
ISBN 7-111-22945-2 29.00元

计算机网络原理及工程应用
作者：刘镇、金志权
ISBN 7-111-24477-6 29.00元

数据结构基础
作者：史九林 等
ISBN 7-111-24163-8 26.00元

Java程序设计教程
作者：余永红
ISBN 7-111-24754-8 33.00元

程序设计基础(C语言版)
作者：秦军
ISBN 7-111-21975-0, 23.00

Visual FoxPro
数据库管理系统教程
作者：程玮 等
ISBN 7-111-22967-4, 26.00

微机原理与接口技术
作者：刘锋
ISBN: 7-111-27029-4,29.80

微机原理与接口技术
作者：耿恒山
2010年出版

Web应用技术
作者：王建颖
2010年出版

人工智能
作者：高阳 等
2010年出版

数字逻辑电路
作者：郑步生
2010年出版

软件测试
作者：滕玮 等
2010年出版

计算机硬件技术基础
作者：李云 等
2010年出版

计算机硬件技术基础
作者：徐洁磐 等
2010年出版

教师服务登记表

尊敬的老师：

您好！感谢您购买我们出版的＿＿＿＿＿＿＿＿＿＿＿＿＿＿＿＿＿＿＿＿＿＿ 教材。

机械工业出版社华章公司为了进一步加强与高校教师的联系与沟通，更好地为高校教师服务，特制此表，请您填妥后发回给我们，我们将定期向您寄送华章公司最新的图书出版信息！感谢合作！

个人资料（请用正楷完整填写）

教师姓名		□先生 □女士	出生年月		职务		职称：□教授 □副教授 □讲师 □助教 □其他
学校			学院			系别	

联系电话	办公： 宅电： 移动：		联系地址及邮编	
			E-mail	

学历		毕业院校		国外进修及讲学经历	
研究领域					

主讲课程	现用教材名	作者及出版社	共同授课教师	教材满意度
课程： □专 □本 □研 人数： 学期：□春□秋				□满意 □一般 □不满意 □希望更换
课程： □专 □本 □研 人数： 学期：□春□秋				□满意 □一般 □不满意 □希望更换

样书申请

已出版著作		已出版译作	
是否愿意从事翻译/著作工作　□是　□否	方向		
意见和建议			

填妥后请选择以下任何一种方式将此表返回：（如方便请赐名片）

地　址：北京市西城区百万庄南街1号　华章公司营销中心　　邮编：100037

电　话：(010) 68353079 88378995　传真：(010)68995260

E-mail:hzedu@hzbook.com　markerting@hzbook.com　图书详情可登录http://www.hzbook.com网站查询